高等院校信息化教学新形态精品教材

After Effects 影视后期技巧与实战

主　编　文　晨　黎永泰
副主编　程国辉　姚文凭　李定芳　曾艳梅　肖艺

南京大学出版社

内容提要

本书全面系统地介绍了After Effects的基本操作方法和影视后期制作技巧，内容包括影视后期特效合成概述、After Effects工作流程、After Effects滤镜特效、影视片头制作、影视特效合成案例设计与制作、影视广告案例设计与制作、影视栏目包装片头设计与制作。通过实际案例的操作，学生可以快速熟悉软件功能，了解影视后期合成设计方法并掌握影视后期合成与特效制作技巧。章后的思考与练习可以提高学生的实际应用能力。

本书可作为高等院校艺术类专业After Effects课程的教材，也可作为After Effects自学人员的参考用书。

图书在版编目（CIP）数据

After Effects影视后期技巧与实战 / 文晨，黎永泰主编.—南京：南京大学出版社，2019.1（2023.1重印）
ISBN 978-7-305-21553-7

Ⅰ.①A… Ⅱ.①文… ②黎… Ⅲ.①图象处理软件 Ⅳ.①TP391.413

中国版本图书馆CIP数据核字（2019）第012355号

出版发行 南京大学出版社
社 址 南京市汉口路22号 邮 编 210093
出 版 人 金鑫荣

书 名 After Effects影视后期技巧与实战
主 编 文 晨 黎永泰
责任编辑 徐 晶 编辑热线 （010）82896084

印 刷 河北鑫彩博图印刷有限公司
开 本 889×1194 1/16 印张 9 字数 264 千
版 次 2019年1月第1版 2023年1月第3次印刷
ISBN 978-7-305-21553-7
定 价 59.00元

网址：http://www.njupco.com
官方微博：http://weibo.com/njupco
官方微信号：njupress
销售咨询热线：（025）83594756

资源使用说明

资源类型说明

图文

设置作品赏析、经典案例、知识拓展等栏目，补充与拓展教学内容

动画

动态展示复杂、抽象的概念和原理

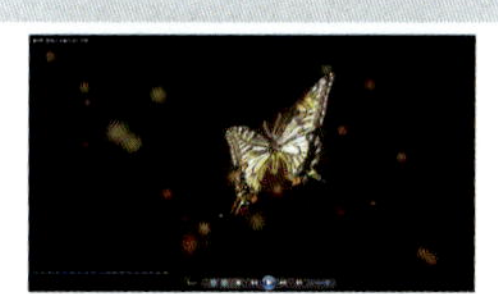

视频

以微课、教学录像、短小视频讲解重难点、考点与易错点

资源使用方法

扫一扫教材中的二维码，即可观看视频、动画、图文。

艺术教育为国家培养了大批文化艺术人才，是我国文化艺术事业和精神文明建设不可或缺的部分。为了促进普通高等学校艺术教育工作，推动高校艺术教育工作健康、稳步发展，满足艺术专业领域对人才的需求，为国家培养艺术人才提供智力保障，国教广通（北京）教育科技研究院携手南京大学出版社，深入调研艺术类专业的教学情况及相关企业的用人需求，广泛联合专家、学者、一线老师、企事业人员等，结合高等院校艺术类专业的教学标准要求及教学改革新成果，引入信息技术，策划出版了高等院校信息化教学新形态精品教材。

本系列教材符合艺术类专业教育教学改革的要求，注重艺术教育的特点，将纸质教材与信息化资源有机结合，激发学生的学习兴趣，帮助学生实现学习目标。本系列教材具有以下特色：

（1）联合艺术行业专业人才，将行业的新理念、新规定融入教材，着力培养创新型、应用型艺术专业人才。

（2）以适应社会实际需要为宗旨，注重理论与实践相结合，力求教材内容实用、重点突出、深入浅出；围绕高等教育的培养目标和教学要求，注重学生基本技能的培养。

（3）教材中某些知识点和技能点以“微课”等形式辅助阐述，学生可直接扫描二维码进行学习，提高了学生的学习兴趣与学习效率。

（4）版面美观、新颖，采用杂志化编排，四色印刷，符合学生的审美需求。

高等院校信息化教学新形态精品教材是基于移动信息技术新形态教材的一种探索和尝试，希望本系列教材的出版能推动艺术教育的改革和发展，为艺术专业领域的人才建设做出贡献。

高等院校信息化教学新形态精品教材
编委会

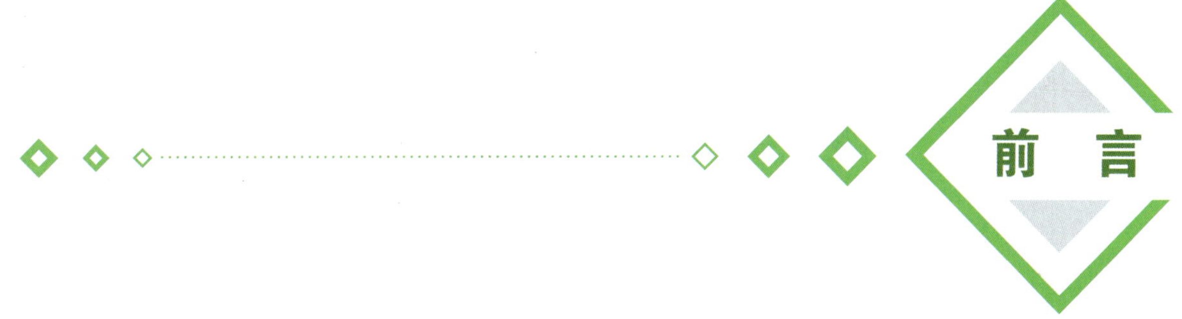

前言

After Effects是Adobe公司旗下著名的图像处理软件之一，在电影、影视广告、后期特效制作、影视栏目包装、产品展示、平面视觉设计等领域应用广泛。编写本书的目的在于帮助读者快速入门，掌握After Effects的核心技术。

全书共7章，包括影视后期特效合成概述、After Effects工作流程、After Effects滤镜特效、影视片头制作、影视特效合成案例设计与制作、影视广告案例设计与制作、影视栏目包装片头设计与制作等。

本书以基础教学为主线，以实例教学为重点，侧重于培养学生影视后期合成与特效方面的能力，采用由浅入深、循序渐进的方法，围绕经典案例讲授各环节需要掌握的知识点。通过实际案例的操作，学生不但可以快速熟悉软件功能、了解影视后期合成设计方法、掌握影视后期合成与特效的制作技巧，还能够在实例教学中举一反三，具备综合实践能力。本书每章后都附有小结和思考与练习，可以提高学生的软件使用技巧，拓展学生的实际应用能力。

本书配有网盘文件（请联系编辑热线获取），包含教学中的全部工程文件和素材，便于学生练习使用。本书可作为高等院校艺术类专业After Effects课程的教材，也可作为After Effects自学人员的参考用书。

本书由邵阳学院文晨、广东农工商职业技术学院黎永泰担任主编，河池学院程国辉、邵阳学院姚文凭、邵阳学院李定芳、深圳市开放职业技术学校曾艳梅、怀化学院肖艺担任副主编，全书由文晨统稿、定稿。

本书在编写过程中力求全面、深入，但由于编者水平有限，书中疏漏之处在所难免，敬请广大专家和读者批评指正。

编　者

CONTENTS

第 1 章 影视后期特效合成概述 /1

1.1 影视后期特效行业简介 /1

1.2 认识 After Effects / 7

第 2 章 After Effects 工作流程 /11

2.1 素材的导入及管理 / 11

2.2 创建合成 / 14

2.3 渲染合成输出影片 / 16

第 3 章 After Effects 滤镜特效 /19

3.1 After Effects 滤镜介绍 / 19

3.2 抠像与影片合成 / 32

3.3 粒子特效 / 36

3.4 色彩校正特效 / 45

第 4 章 影视片头制作 /60

4.1 准备阶段 / 60

4.2 影视片头合成与特效 / 62

第 5 章 影视特效合成案例设计与制作 /76

5.1 影视特效合成概述 / 76

5.2 影视特效合成案例设计与制作 / 77

第 6 章 影视广告案例设计与制作 /89

6.1 影视广告案例分析 / 89

6.2 影视广告合成与特效 / 90

第 7 章 影视栏目包装片头设计与制作 /104

7.1 影视栏目包装概述 / 104

7.2 电视栏目包装片头 —— Logo 制作 / 109

7.3 电视栏目包装片头 —— 场景制作 / 114

7.4 电视栏目包装片头 —— 后期合成 / 125

参考文献 /138

第1章 影视后期特效合成概述

◆本章知识点

国内外影视特效的行业现状、市场应用以及After Effects的功能和界面操作。

◆学习目标

了解国内外影视后期特效行业的发展及市场应用，掌握 After Effects的主要功能，并熟悉After Effects CC的工作界面。

1.1 影视后期特效行业简介

随着数字时代的到来，影视后期特效合成在当前的影视制作中发挥着举足轻重的作用，精彩的影视后期特效能让影片带来强大的视觉震撼。影视后期特效又称影视特技，其作用是针对现实生活中不可能完成或难以完成的拍摄以及花费大量资金而达不到预期效果的拍摄，用计算机或工作站对其进行数字化处理，从而达到理想的视觉效果。

1.1.1 国内外影视特效合成的发展

1. 国外影视后期特效合成的发展

国外影视后期特效合成的发展历史可追溯到20世纪70年代。可以说，这是一场科技的革命，它与计算机图形图像技术的诞生和发展完全同步。1977年，乔治·卢卡斯的作品《星球大战》的出现，开创了特效技术向计算机时代发展的先河，该片的特效制作团

图1-10　动画片《喜羊羊和灰太狼》海报

3. 影视广告

影视广告即电影广告和电视广告。影视广告广泛用于企业形象宣传、产品推广，具有广泛的社会接受度。影视广告的时效性强，播出时间短，抓住了观众的心理，使观众在最短的时间里了解最多的信息。与文字不同，影视广告的声音、图像直接作用于人的耳朵和眼睛。因此，影视广告制作必须做到最基本的三点：新颖的影视广告制作创意、精湛的影视广告拍摄手法、强大的影视后期制作技术。这是制作一条优秀的影视广告的基本要求（见图1-11）。

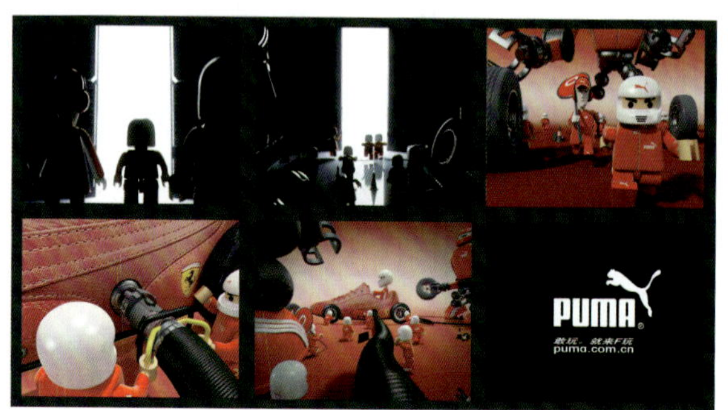

图1-11　影视特效合成在影视广告中的应用

4. 电视栏目包装

电视栏目包装是指对电视节目、栏目、频道甚至是电视台的整体形象进行一种外在形式要素的规范和强化。这些外在的形式要素包括语言、音乐、音效、画面、色彩等。电视栏目包装可以起到突出节目、栏目、频道个性特征的作用，增强观众对节目、栏目、频道的识别能力，从而确立栏目的品牌地位。好的栏目包装作品能使包装形式和栏目融为一个有机体，让人赏心悦目，如同一件精美的艺术品（见图1-12）。

图1-12　影视特效合成在电视栏目包装中的应用

5. 建筑动画

建筑动画是指表现建筑以及建筑相关活动的动画影片。它通常利用计算机软件来表现设计师的意图，让观众体验建筑的空间感受。建筑动画一般根据建筑设计图纸在专业的计算机上制作出虚拟的建筑环境，地理位置、建筑物外观、建筑物内部装修、园林景观、配套设施、人物、动物、自然现象（风、雨、雷鸣、日出日落等）等均动态地存在于建筑环境中，可以从任意角度浏览。

建筑动画经常用到镜头的软切换。所谓镜头软切换就是指用After Effects等后期软件合成时制作镜头柔和过渡的特效，以达到切换镜头的目的。这类动画的质量已上升到影片的高度，它需要经过精心的策划，后期的特效处理以及最终的剪辑，才能成为一部更有内涵和视觉冲击力的动画影片（见图1-13）。

图1-13　影视后期特效合成在建筑动画中的应用

1.2　认识After Effects

1.2.1　After Effects介绍

After Effects简称AE，是Adobe公司开发的一款整合了二维和三维的影视后期合成、动画创作和特效编辑的专业非线性视频编辑软件。它可以提供工业标准的动态影视和特效制作。After Effects被广泛应用于电影、电视、多媒体、网络视频、手机视频和DVD编创行业中，它可以进行功能强大的数字电影后期合成，并且价格低廉，这使它可以在PC系统上实现以往只有在昂贵的工作站上才能实现的合成效果。

After Effects引入了Photoshop中的层概念，使After Effects可以对多层的合成图像进行控制，实现完美的合成效果；关键帧、路径、三维图层概念的引入，使得After Effects对于控制高级的动画游刃有余；高效的视频处理系统，确保了高质量的视频输出；令人眼花缭乱的插件和特技系统更使After Effects能够实现使用者的一切创意。After Effects还保留了Adobe软件优秀的兼容性。在After Effects中，使用者可以非常方便地调入Photoshop和Illustrator层文件，Premiere项目文件也可以近乎完美地再现于After Effects中。After Effects已经被广泛地应用于数字电视、电影的后期制作，而新兴的多媒体和互联网也为After Effects提供了更为宽广的发展空间。

1.2.2　After Effects对计算机及系统配置的要求

在Adobe的官方网站可以看到After Effects CC2019对计算机及系统配置的要求。具体如表1-1、表1-2所示。

表1-1　Windows版的最低系统要求

项目	最低要求
处理器	具有 64 位支持的多核 Intel 处理器
操作系统	Microsoft Windows 10（64 位）版本 1703（创作者更新）及更高版本
RAM	最小 8 GB（建议 16 GB）
硬盘空间	5 GB 可用硬盘空间；安装过程中需要额外可用空间（无法安装在可移动闪存设备上） 用于磁盘缓存的额外磁盘空间（建议 10 GB）
显示器分辨率	1 280 × 1 080 或更高的显示分辨率
Internet	必须具备 Internet 连接并完成注册，才能激活软件、验证订阅和访问在线服务

表1-2　Mac OS版的最低系统要求

项目	最低要求
处理器	具有 64 位支持的多核 Intel 处理器
操作系统	Mac OS 版本 10.12 (Sierra)、10.13 (High Sierra)、10.14 (Mojave)
RAM	最小 8 GB RAM（建议 16 GB）
硬盘空间	6 GB 可用硬盘空间用于安装；安装过程中需要额外可用空间（无法安装在使用区分大小写的文件系统的卷上或可移动闪存设备上） 用于磁盘缓存的额外磁盘空间（建议 10 GB）
显示器分辨率	1 440 × 900 或更高的显示分辨率
Internet	必须具备 Internet 连接并完成注册，才能激活软件、验证订阅和访问在线服务

1.2.3 熟悉After Effects的界面

要想熟练地使用After Effects进行后期制作，必须先了解软件的操作界面、窗口布局等。只有对其操作界面有了宏观的认识，才能在工作中得心应手。安装完成后，即可双击桌面快捷图标启动软件，After Effects CC2019的启动界面如图1-14所示。

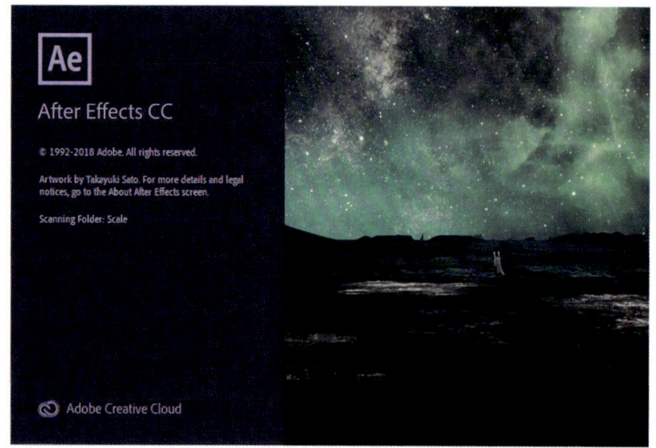

图1-14 After Effects CC2019启动界面

进入After Effects CC2019的操作界面后，可以查看它的各个板块。板块按照功能划分为若干部分（见图1-15）。

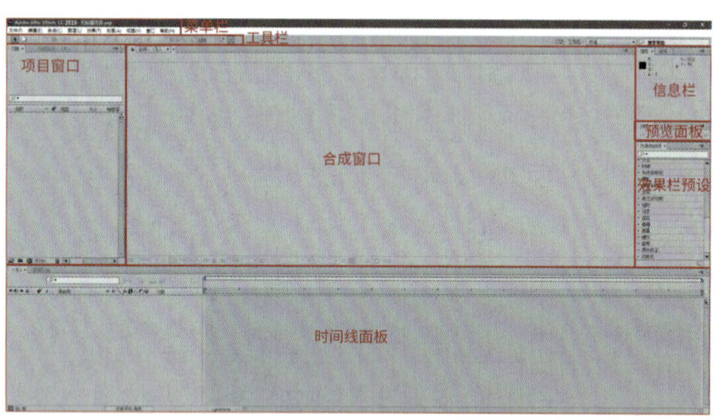

图1-15 After Effects CC2019界面布局

（1）菜单栏：菜单栏集合了After Effects CC的所有功能和操作命令，包括文件、编辑、合成、图层、效果、动画、视图、窗口和帮助9个菜单项（见图1-16）。通过菜单的操作可以完成项目管理、编辑项目、调整视图等操作。

文件(F) 编辑(E) 合成(C) 图层(L) 效果(T) 动画(A) 视图(V) 窗口 帮助(H)

图1-16 After Effects CC2019菜单栏

（2）工具栏：常用工具栏中包括After Effects CC2019进行合成和编辑项目时经常使用的工具，直接单击工具栏中的按钮，即可选择相应的编辑操作，如移动、缩放、旋转、文本输入等。After Effects CC2019的主工具栏位于菜单栏的下方，由若干个工具按钮组成，如图1-17所示。工具栏包括选取工具、抓手工具、缩放工具、旋转工具、摄像机工具、平移工具、形状工具、钢笔工具、文字工具、画笔工具、仿制图章工具、橡皮擦工具、笔刷工具和操控点工具。要想学好After Effects，首先要记住这些工具的快捷键。

例如：

选取工具：快捷键为“V”。

抓手工具：快捷键为“H”。

缩放工具：快捷键为“Z”。

旋转工具：快捷键为“W”。

摄像机工具：快捷键为“C”。

平移工具：快捷键为“Y”。

形状工具：快捷键为“Q”。

钢笔工具：快捷键为“G”。

文字工具：快捷键为“Ctrl+T”。

画笔工具：快捷键为“Ctrl+B”。

图1-17 After Effects CC2019主工具栏

（3）项目窗口：这是所有导入素材放置的地方，比如图片、视频、音频等。导入时，可以双击空白处并选择素材文件导入，也可以单击鼠标右键从弹出的快捷菜单导入素材，如图1-18所示。项目面板里要注意两个图标：第一个是新建文件夹，新建文件夹的好处是方便将同类文件放在一起。第二个是新建合成组，这是做视频必需的一个步骤，只有新建了合成组才能进行下一步的编辑。

（4）效果控件面板：特效控制面板用于编辑视频，主要针对时间线上的素材进行特效处理，常用的特效一般可以利用After Effects效果控件面板来完成，如图1-19所示。

（5）合成窗口：也可以叫作监视器窗口，合成的最终效果将在此呈现，如图1-20所示。

（6）信息栏：激活选择的文件后，这里会出现文件信息字样，如图1-21所示。信息面板主要用来显示光标在视频中的相关信息，RGB代表的是颜色，A代表光标所在位置的通道值。X和Y表示光标在屏幕上的位置。

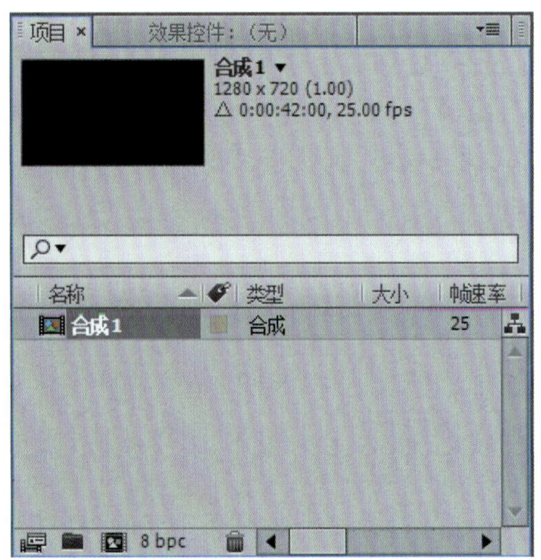

图1-18　After Effects CC2019项目窗口

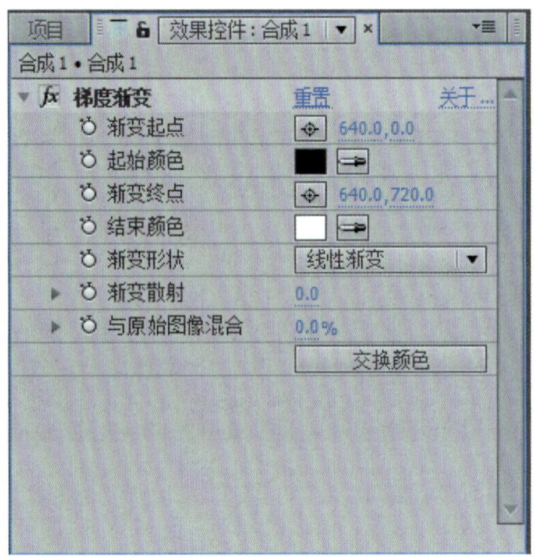

图1-19　After Effects CC2019效果控件

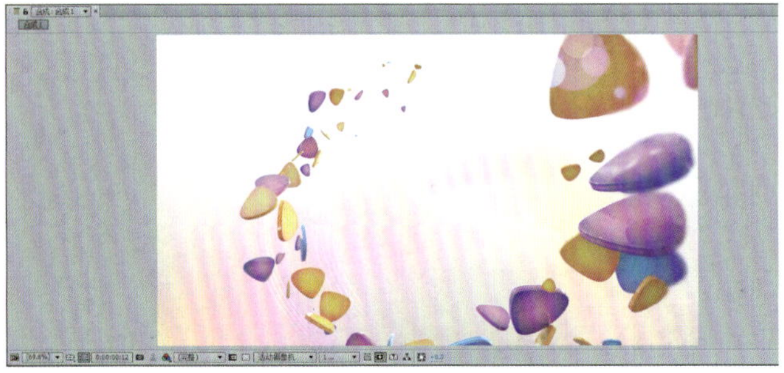

图1-20　After Effects CC2019合成窗口

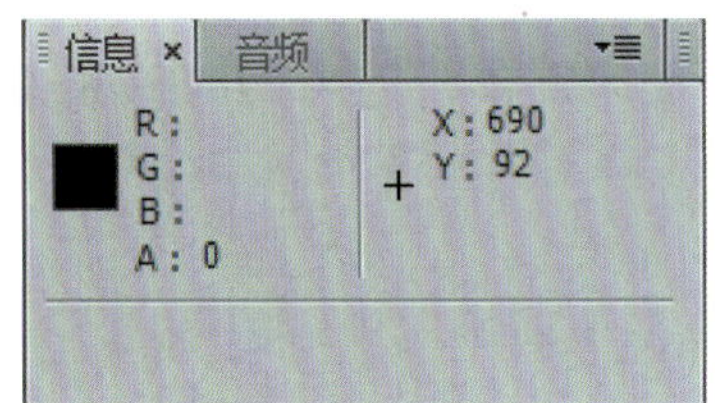

图1-21　After Effects CC2019信息栏

（7）音频面板：音频面板主要显示播放合成作品时的音量级别，可以调节左右声道的音量。利用时间线面板和音频面板可以为音量设置关键帧，也可以让分贝值以百分数的形式显示，并可以设置分贝值的变化范围，如图1-22所示。

（8）效果和预设栏：这是After Effects的灵魂所在，因为所有的滤镜或者插件都可以在此处打开。效果和预置栏用于快速查找需要的滤镜或预设特效，也可以通过该面板进行滤镜分类显示，如果对某个层使用特效，直接从After Effects面板中选择使用即可（见图1-23）。

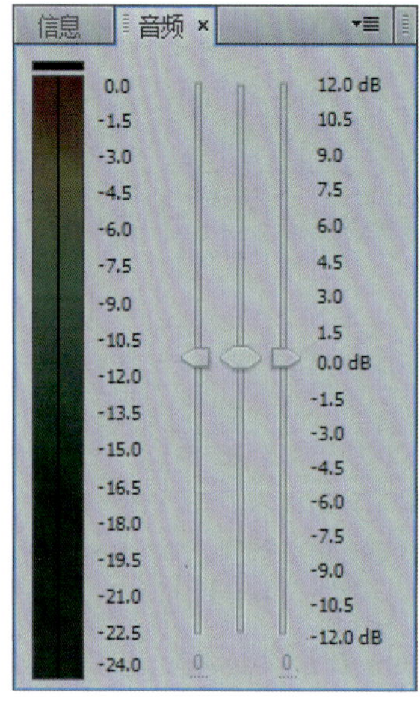

图1-22　After Effects CC2019音频面板

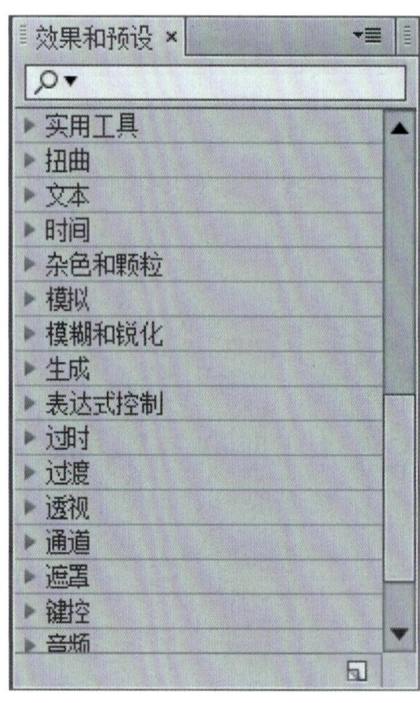

图1-23　After Effects CC2019效果和预设栏

（9）预览面板：预览面板主要用来控制素材图像的播放和停止，进行合成内容的预览操作及相关设置（见图1-24）。

图1-24　After Effects CC2019预览面板

（10）时间线面板：时间线面板是工作界面的重要组成部分，是进行素材组织的主要操作区域，也是After Effects的主要工作面板，主要用于管理层的顺序和设置动画关键帧（见图1-25）。

（11）渲染面板：视频都需要通过渲染才能导出视频文件（见图1-26）。

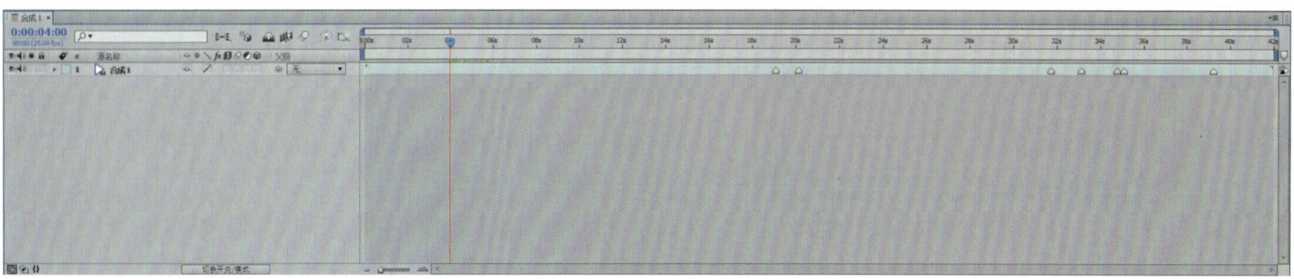

图1-25　After Effects CC2019时间线面板

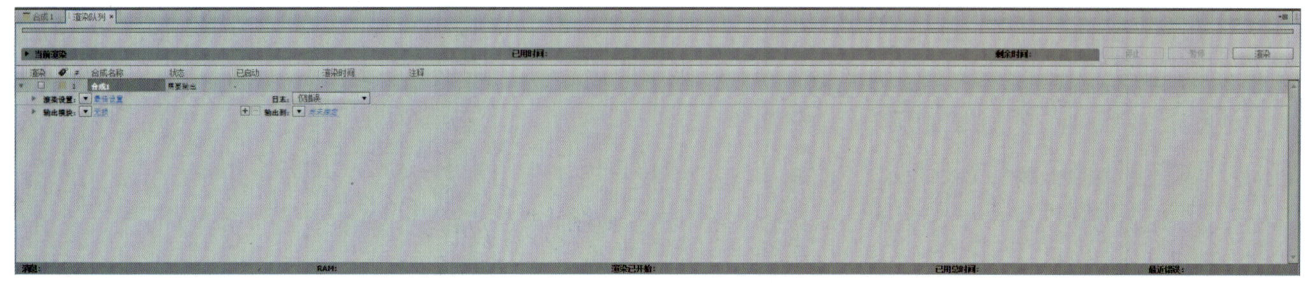

图1-26　After Effects CC2019渲染面板

本章小结

本章第一节对国内外影视后期合成与特效行业发展及其市场应用做了系统介绍。第二节重点介绍了After Effects软件的功能，After Effects对计算机和系统配置的要求，以及After Effects的界面布局和主要功能。

思考与练习

1. 影视特效合成在电影中的作用。
2. 影视特效合成的应用领域有哪些？其行业发展前景如何？
3. After Effects CC软件的主要模块有哪些？

第2章 After Effects 工作流程

◆本章知识点

After Effects素材的管理、合成创建和参数设置，以及将做好的视频合成、渲染及输出成影片的方法。

◆学习目标

熟悉After Effects的基本操作，掌握将After Effects各种格式的素材导入项目窗口的方法以及替换素材的方法。了解创建合成、渲染、输出影片的方法。

2.1　素材的导入及管理

After Effects是一款电影级别的视频编辑软件，支持多种格式的音视频、序列帧和图片素材的编辑。

2.1.1　将素材导入Project（项目）窗口

在After Effects中，可以通过以下四种方式将素材导入项目窗口中。

第一种方法是执行【文件】菜单【导入】中的【文件】命令或按快捷键“Ctrl+I”导入素材文件，如图2-1所示。在弹出的Windows对话框中找到并打开网盘素材文件夹中的“可乐”序列文件，勾选【序列选项】中的“Targa序列”，如图2-2所示，单击【导入】打开。这样会弹出如图2-3所示的对话框，点选【直接-无遮罩】单选框，单击【确定】导入素材到项目面板中，如图2-4所示。

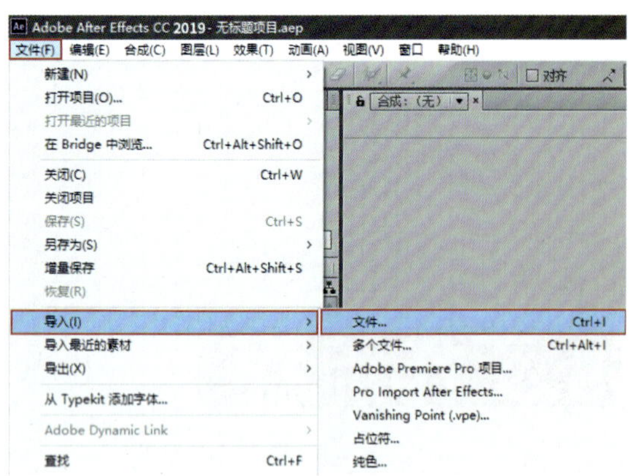

图2-1　导入素材文件

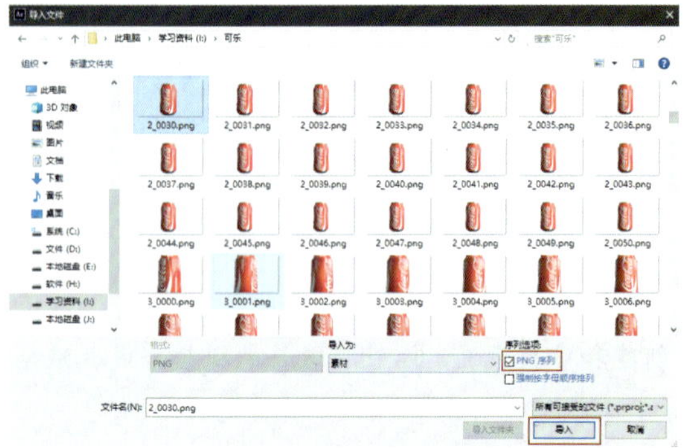

图2-2　导入序列帧文件

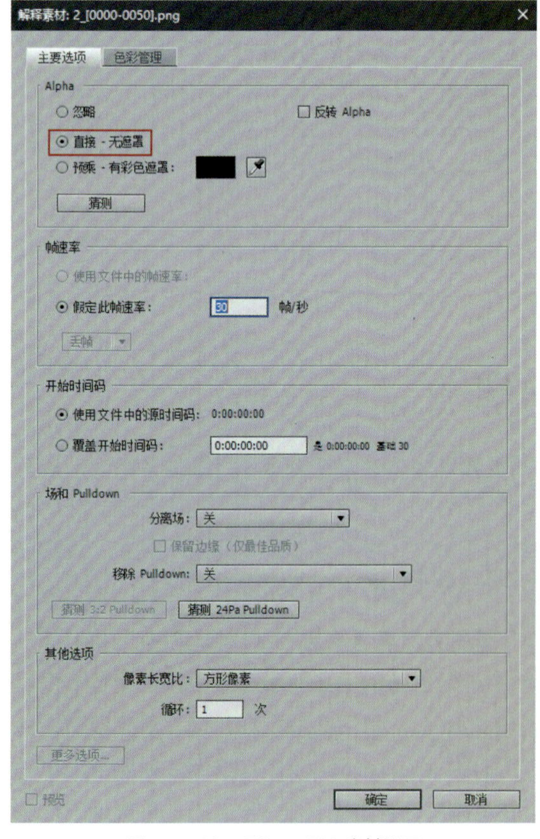

图2-3　After Effects导入素材设置

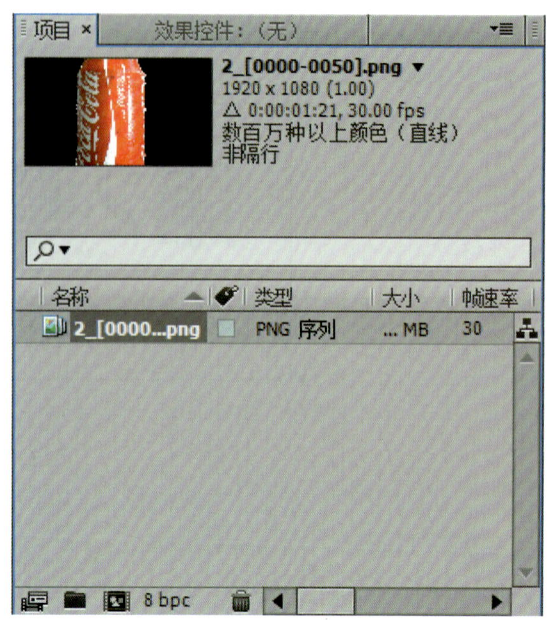

图2-4　素材导入项目面板

After Effects软件对于包含Alpha通道的素材有“忽略”“直接-无遮罩”和“预乘-有彩色遮罩”三种处理方式。选中【直接-无遮罩】单选框，即可使用素材中所含有的透明通道信息。在图形图像处理领域，Alpha通道是用来保存图像透明信息的通道。After Effects在调用文件的过程中能够自动识别文件是否带有Alpha通道信息，用于询问对调用素材中的Alpha通道的处理方式。

第二种方法是在项目窗口的空白处右击鼠标，执行【导入】中的【文件】命令，如图2-5所示。

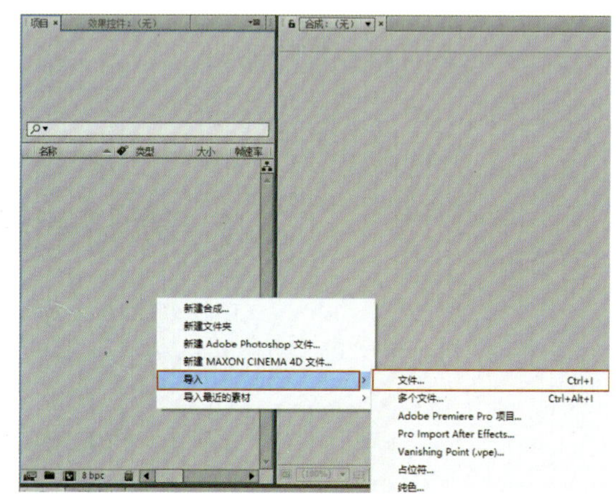

图2-5　After Effects导入素材文件

第三种方法是在项目窗口的空白处双击，之后会弹出【导入文件】对话框，在对话框中选择文件路径、文件名，然后单击打开，所选的素材便会导入到项目窗口中。

第四种方法是在Windows文件夹对话框中直接把素材拖入After Effects的项目窗口。项目窗口记录了After Effects调用的每一个素材的详细信息：素材的文件名称、素材的文件格式、素材的文件大小、素材的时间长度和素材文件的存放位置。

在实际操作中往往需要用到大量素材，为了方便快捷地找到编辑所需的素材，使工作变得更有条理，可以使用项目窗口下方的【新建文件夹】按钮对素材进行归类管理。方法是单击【新建文件夹】按钮，在名称框中对该文件夹命名，然后将该类素材复制到此文件夹中。

2.1.2 替换素材

（1）执行【文件】菜单【导入】中的【文件】命令或按快捷键“Ctrl+I”将网盘素材文件夹中的“CGPOP.tga”“蝴蝶01-摇.tga”“蝴蝶02-摇.tga”导入项目面板（见图2-6）。

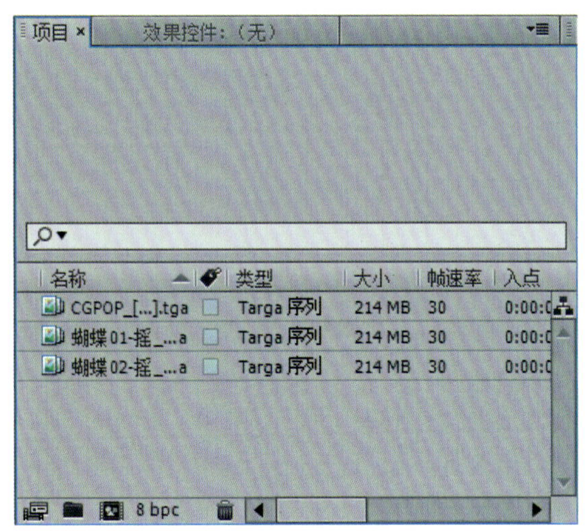

图2-6　导入素材到项目面板中

（2）拖动素材“CGPOP.tga”序列文件放到【新建合成】按钮上，创建一个以该素材名称命名的相同大小的合成（见图2-7）。

图2-7　创建合成窗口

（3）按住“Ctrl”键依次选择“蝴蝶01-摇.tga”“蝴蝶02-摇.tga”，然后将其拖入下方的时间线面板，如图2-8所示。用【选取工具】和【旋转工具】将“蝴蝶01-摇.tga”和“蝴蝶02-摇.tga”移动到画面中合适的位置，如图2-9所示。

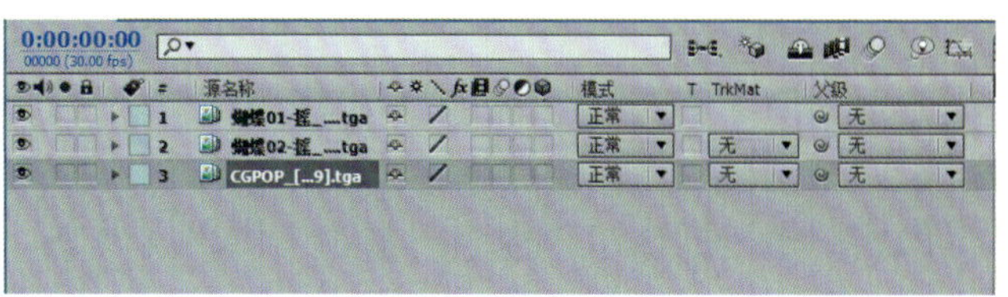

图2-8　素材在时间线窗口的叠放顺序

图2-9　移动素材位置

（4）接下来要将素材“蝴蝶01-摇.tga”替换掉。在项目面板中选中“蝴蝶01-摇.tga”，右击弹出快捷菜单，执行【替换素材】中的【文件】选项，如图2-10所示。

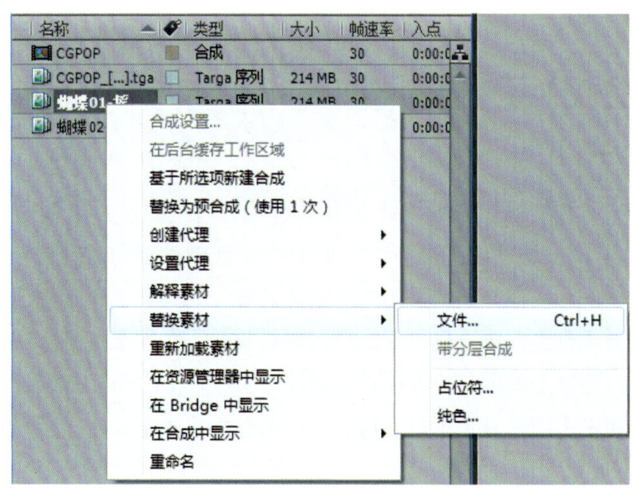

图2-10　替换素材

（5）在弹出的对话框中找到用来替换的素材“蝴蝶03-摇.tga”，如果是序列帧文件，则只需选中第一个文件，并确认勾选【序列选项】中的“Targa序列”，单击【导入】按钮即可，如图2-11所示。这时素材“蝴蝶01-摇.tga”将自动替换为“蝴蝶03-摇.tga”，合成效果如图2-12所示。

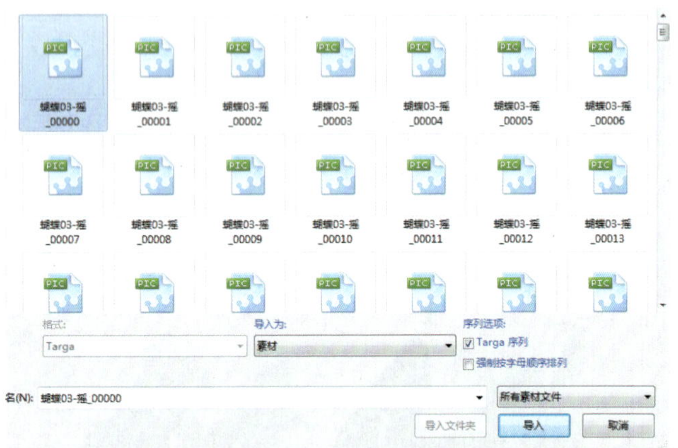

图2-11　导入替换的素材

图2-12　合成画面效果

2.2　创建合成

2.2.1　Project（项目）设置

在默认情况下，After Effects CC软件启动时就会创建一个项目，通常采用的是默认设置。如果需要对创建的新项目进行自定义设置，可以选择菜单【文件】下的【项目设置】选项，或者使用快捷键“Ctrl+Shift+Alt+K”，弹出【项目设置】对话框。该对话框主要由【时间显示样式】、【颜色设置】和【音频设置】3个选项组成，如图2-13所示。

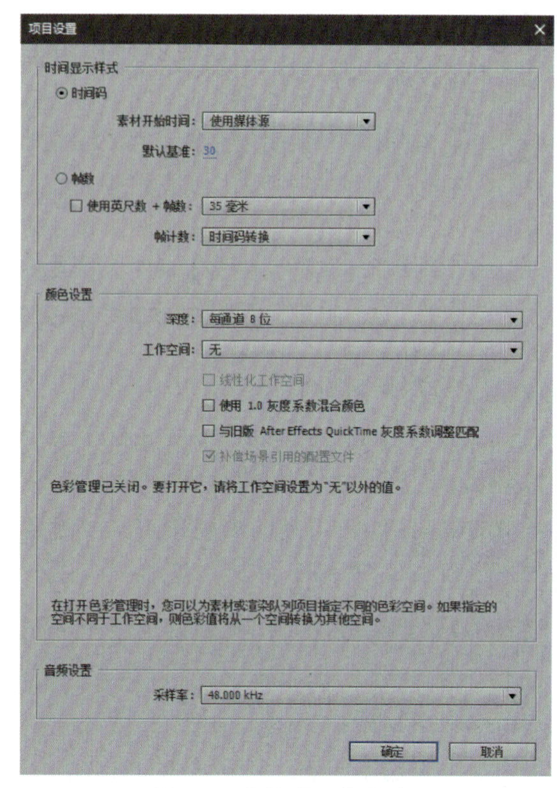

图2-13　【项目设置】对话框

1. 【时间显示样式】选项组

【时间显示样式】选项组中的“时间码”用于设置帧速率，默认情况下是自动方式，可以根据不同编辑对象选择合适的选项。“帧数”用于设置按帧显示，“英尺数+帧数”仅用于编辑电影胶片，用于选择胶片的规格是16毫米还是35毫米，即每英尺①是16帧还是35帧。

2. 【颜色设置】选项组

【颜色设置】选项组用于设置项目的颜色，其中各个选项的作用如下：【深度】用于设置颜色的质量，它以位（bit）为基本单位。设置时可以通过下拉列表选择8bit/通道、16bit/通道、32bit/通道（浮点）3种色深类型，如图2-14所示。默认选择是8bit/通道，如果进行高质量的影像处理，可选择16bit/通道，如果进行高清晰影像处理，则可以选择32bit/通道（浮点）。【工作空间】用于设置颜色编辑模式，可以通过下拉列表选择Prophoto RGB、Apple RGB、SDTV PAL等多种颜色编辑模式。

① 1英尺≈0.3048米。

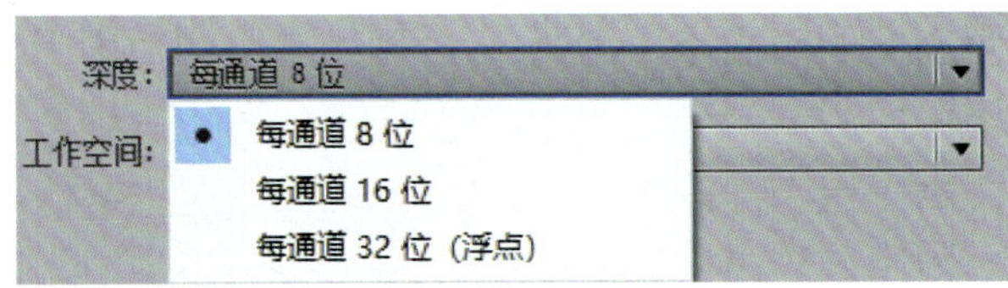

图2-14　颜色深度设置

3. 【音频设置】选项组

在【音频设置】选项组中可以设置音频的采样率，如图2-15所示。音频采样率是指录音设备在一秒内对声音信号的采样次数，采样频率越高，声音的还原就越真实、自然。在当今的主流采集卡上，采样频率一般分为22.05kHz、44.1kHz、48kHz三个等级，22.05kHz只能达到FM广播的声音品质，44.1kHz则是理论上的CD音质水平，48kHz则更好一些。

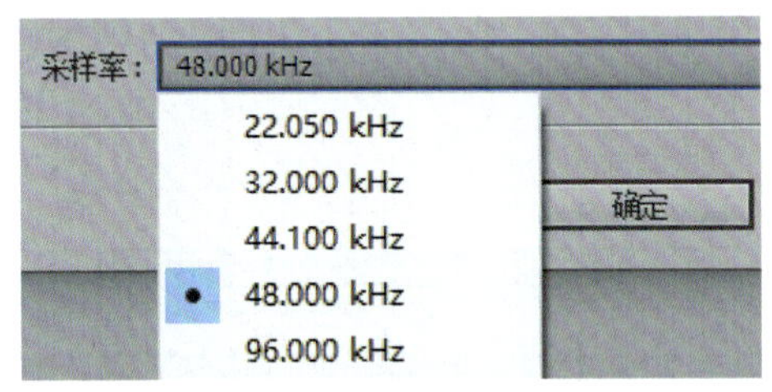

图2-15　音频采样率设置

2.2.2　创建合成（Composition）

合成是制作影片的基础，一个简单的项目可能只包含一个合成图像，而复杂的项目通常由多个合成图像构成，当在项目窗口引入素材之后，就应该着手建立合成了。

建立新的合成图像的方法如下：

打开After Effects CC软件，单击菜单栏上的【合成】选项，选择【新建合成】菜单选项，将弹出【合成设置】对话框，如图2-16所示。对话框中包含了合成图像的一些关键信息，用户可根据实际需要进行设置，如图2-17所示。

图2-16　新建合成

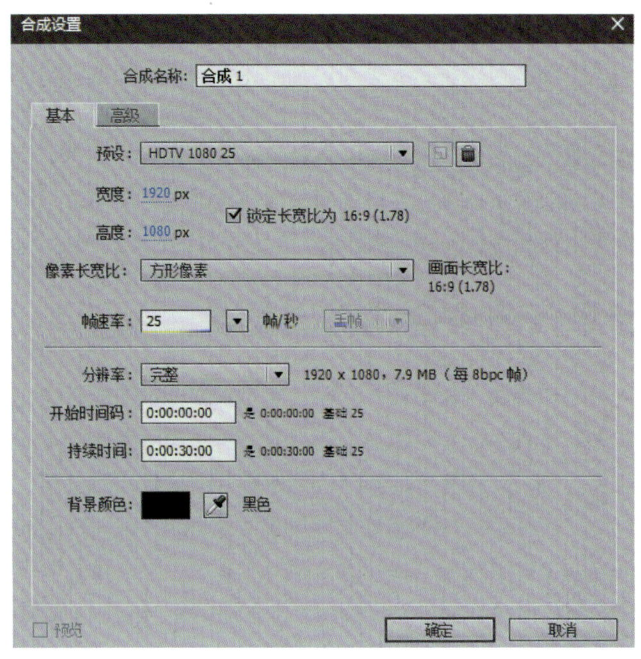

图2-17　合成设置

1. 【合成名称】

可在合成名称栏中输入合成图像的名称。要养成给合成命名的好习惯，这样在做大型项目时可方便地管理文件，例如“合成1”。

2. 【基本】选项卡

在【基本】选项卡的【预设】下拉列表框中有很多制式，选择“PAL D1/DV”，这是中国的电视、电影制式，其标准为宽度720px、高度576px。“像素长宽比”选择“D1/DV PAL（1.09）”，“帧速率”选择“25帧/秒”。

在分辨率下拉列表中，After Effects CC提供了4种可供选择的分辨率，如图2-18所示。若想渲染合成图像中的每一个像素，则选择“完整”。“二分之一”、“三分之一”和“四分之一”依次渲染合成图像1/4、1/9和1/16的像素量。

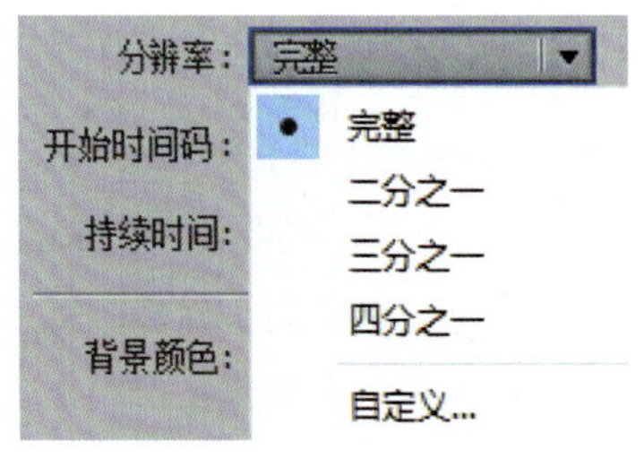

图2-18　合成分辨率设置

使用“完整”得到的图像质量较好，但所需渲染时间也最长。“二分之一”、“三分之一”和“四分之一”的质量不如“完整”的，但耗时相对较少，用户可根据实际需要确定所需分辨率。例如，在制作初期，完全可以选用“三分之一”或“四分之一”的分辨率，从而节约大量时间，等到后期制作时再改为质量较高的“完整”。在“持续时间”中可以输入合成的持续时间，在“背景颜色”中则可以选择合成的背景色彩。

2.3 渲染合成输出影片

制作完成合成影像文件后，接下来就要对合成影像文件进行渲染输出，以便在其他设备上播放或用作素材。渲染输出是将处理完毕的素材转化为影片播放格式的过程，After Effects中制作完成的影像文件只有通过不同格式的输出，才能够被用到各种媒介设备上播放，所以渲染输出的设置是至关重要的。例如网络上发布的影像文件一般要求文件不能太大，而且影像效果要清晰，可以选择FLV格式的渲染；用于商业用途时，要求影像高清，可以选择AVI格式。

2.3.1 渲染合成

可以选择输出整个合成影像文件，也可以选择输出其中的某一段影像文件。输出整段影像文件不需要单独设置工作区域，如果是输出其中的一段影像文件可将“工作区域开头”和“工作区域结尾”分别移动到要渲染的这段影片“入点”和“出点”的时间位置，如图2-19所示。

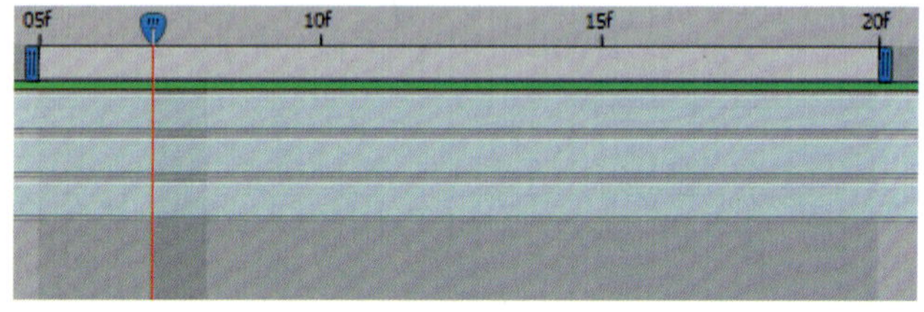

图2-19 设置渲染的“入点”和“出点”

确认影片前期准备工作完成后就可以开始渲染影片了，这时可以选择菜单栏【合成】中的【添加到渲染队列】选项，如图2-20所示，或者使用快捷键“Ctrl+M”输出。接下来会弹出【渲染队列】面板。可以根据需要对【渲染设置】、【输出模块】和【输出到】等几个模块进行相应设置。

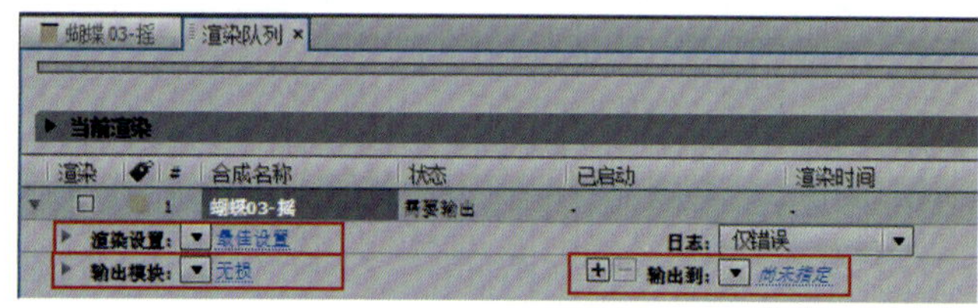

图2-20 添加合成到渲染队列

单击【渲染设置】右侧的【最佳设置】按钮，会弹出【渲染设置】对话框，如图2-21所示。在“合成名称选项栏”中可以设置影片输出的【品质】【分辨率】【大小】等选项，以控制影片的清晰度。

在【品质】下拉列表里可以选择“最佳质量”、“草稿质量”和“线框质量”模式，后两者是为了测试用的。

在【分辨率】下拉列表里可以选择“完整”，以与合成项目相同的尺寸输出，或者以一半的尺寸、三分之一或者四分之一的尺寸输出，或者自定义更小的尺寸输出。

在【代理使用】下拉列表中，可以选择“使用全部代理”，或“仅用合成代理”，或“不使用代理”。

在【效果】下拉列表中，可以选择渲染所有的效果或关闭所有的效果，或者按照每个效果的开关是否打开确定是否渲染。

在【帧混合】下拉列表中，可以按照每层帧融合开关是否打开决定是否渲染，也可以关闭所有的帧融合渲染。

在【场渲染】下拉列表中，可以选择不加场渲染、高场优先渲染或者低场优先渲染。

在【运动模糊】下拉列表中，可以按照每层的运动模糊开关是否打开决定是否渲染，或者关闭所有的运动模糊渲染。

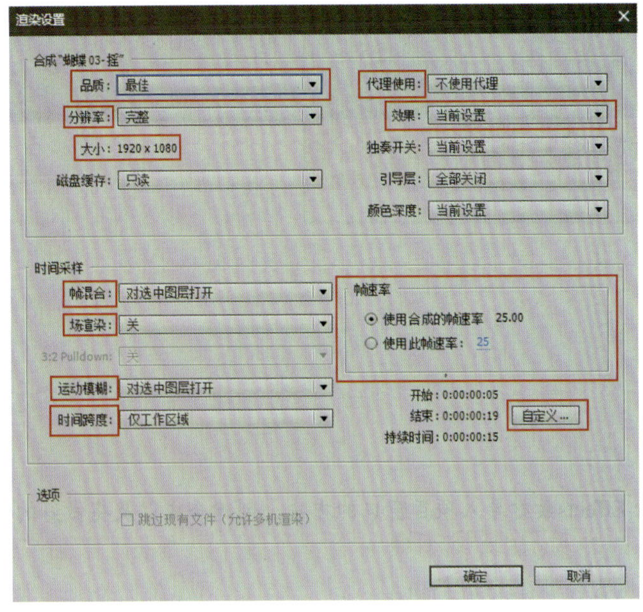

图2-21　渲染设置

在【运动模糊】下拉列表中，可设置有效的渲染片段，可以是合成的长度，或者仅限工作区域，或者选择自定义按钮，都会弹出如图2-22所示的对话框。在该对话框中可以设置渲染的开始帧、结束帧，定义渲染片段的持续时间。

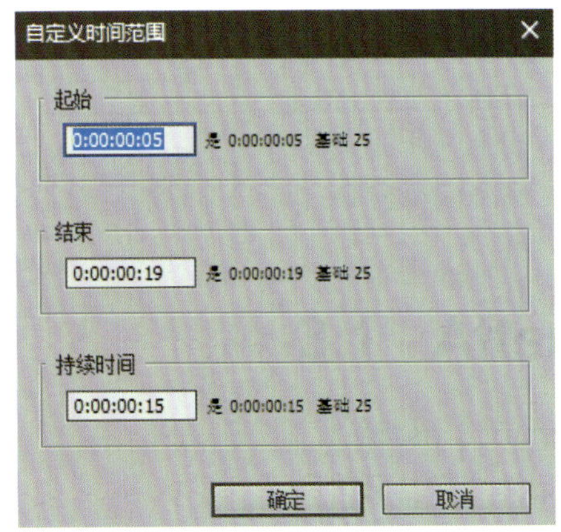

图2-22　自定义渲染合成的时间范围

【帧速率】选项卡的作用是定义影片的帧速率，可以是合成项目的帧速率，或者自定义一个帧速率。

2.3.2　输出影片

1. 【输出模块】

在设置好【渲染设置】对话框后，接下来需要设置输出模块。在渲染队列窗口中，双击【输出模块】，在弹出的【输出模块设置】对话框中可以设置影片的【视频输出】【音频输出】等选项，如图2-23所示。常用的输出格式有AVI格式、WAV格式、MPEG格式、MOV格式等。

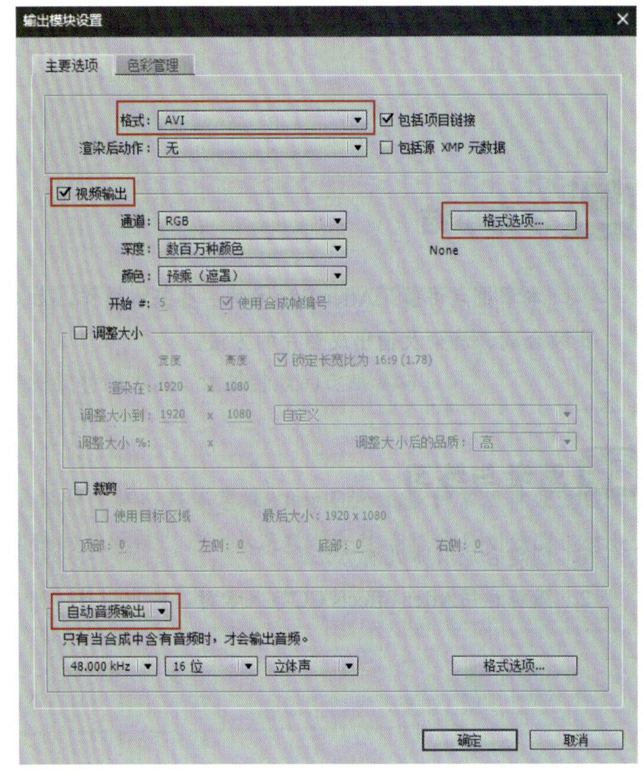

图2-23　输出模块设置

【视频输出】选项栏中提供了输出的常用参数设置，主要有【通道】【深度】【颜色】【调整大小】【裁剪】等选项，在【格式选项】中可以选择相应的视频编解码器和压缩品质，这两个设置关系到影片的最终品质效果和文件大小。

在【音频输出】选项栏中可以对合成影片中的音频输出进行设置，可指定采样频率、深度、立体声或单声道。

2. 【输出到】

单击"输出到"按钮，在弹出的对话框中可以选择输出文件的"保存路径"和"文件名称"。

各选项设置完成后，单击【渲染队列】右侧的【渲染】按钮，即可开始渲染，如图2-24所示。

种画派的风格，创作出丰富而真实的艺术效果。After Effects特效滤镜中提供的艺术化特效包括CC Block Load、CC Burn Film、CC Glass、CC Kaleida、CC Mr.Smoothie、CC Plastic、CC RepeTile、CC Threshold、CC Threshold RGB、彩色浮雕、查找边缘、动态拼贴、发光、浮雕、画笔描边、卡通、马赛克、毛边、散布、色调分离、闪光灯、纹理化、阈值等。

点击【效果】菜单下的【风格化】命令，如图3-2所示，即可选择相应滤镜，利用风格化中各种特效滤镜制作不同的视觉效果。下面着重介绍几款常用风格化特效滤镜。

CC Block Load
CC Burn Film
CC Glass
CC Kaleida
CC Mr. Smoothie
CC Plastic
CC RepeTile
CC Threshold
CC Threshold RGB
彩色浮雕
查找边缘
动态拼贴
发光
浮雕
画笔描边
卡通
马赛克
毛边
散布
色调分离
闪光灯
纹理化
阈值

图3-2 风格化滤镜

1. 发光

“发光”特效滤镜通过搜索图像中的明亮部分，对其周围像素进行加亮处理，创建一个发光荧幕效果，如图3-3所示。

其中：

【发光基于】：控制发光效果基于哪一种通道方式产生发光。

【发光阈值】：控制发光效果的极限值。

【发光半径】：控制发光效果的半径。

【发光强度】：控制发光效果的强度。

【合成原始项目】：设置发光效果与原始图像混合的应用方位。

【发光操作】：控制发光的产生方式。选择不同的操作方式可以产生不同的发光效果。

【发光颜色】：控制发光颜色的使用方式。包括原始颜色、A和B颜色、任意贴图等方式。

图3-3 “发光”特效滤镜效果

【颜色循环】：设置色彩光圈的使用方式。

【颜色循环】：控制在发光中产生颜色循环的色轮圈数。

【色彩相位】：控制色彩循环的开始点。

【A和B中间点】：控制A和B颜色之间的平衡点。该参数低于50%时用较少的A颜色，高于50%时用较少的B颜色。

【颜色A】：设置颜色A的颜色。

【颜色B】：设置颜色B的颜色。

【发光维度】：设置发光的扩展方式。可以使用水平和垂直、水平或垂直等方式。

2. 查找边缘

“查找边缘”特效滤镜可以强化颜色变化区域的过渡像素，模仿铅笔勾边的方式创建出线描的艺术效果。通过使用该滤镜特效结合After Effects提供的校色功能可以制作出完美的彩色铅笔画效果，如图3-4所示。

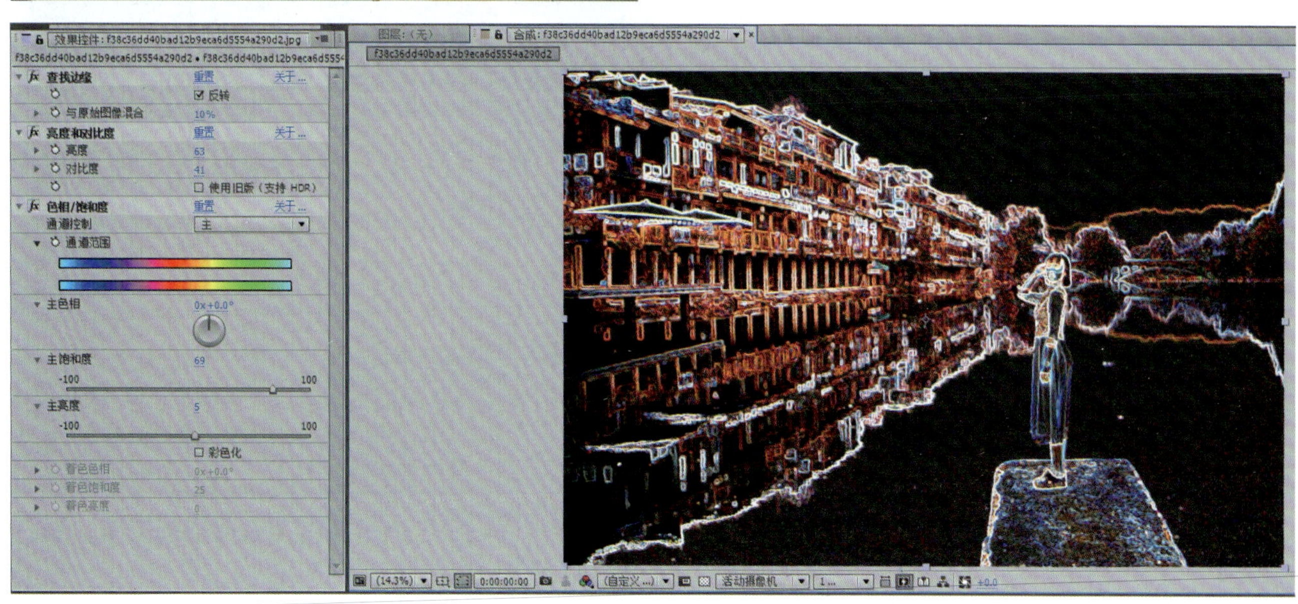

图3-4 “查找边缘”特效滤镜效果

3. CC Mr.Smoothie

CC Mr.Smoothie即“像素溶解运动”特效滤镜，它模仿的是油性线条的艺术效果。通过使用该滤镜特效结合After Effects提供的校色功能可以制作出漂亮的彩色线条画效果，如图3-5所示。

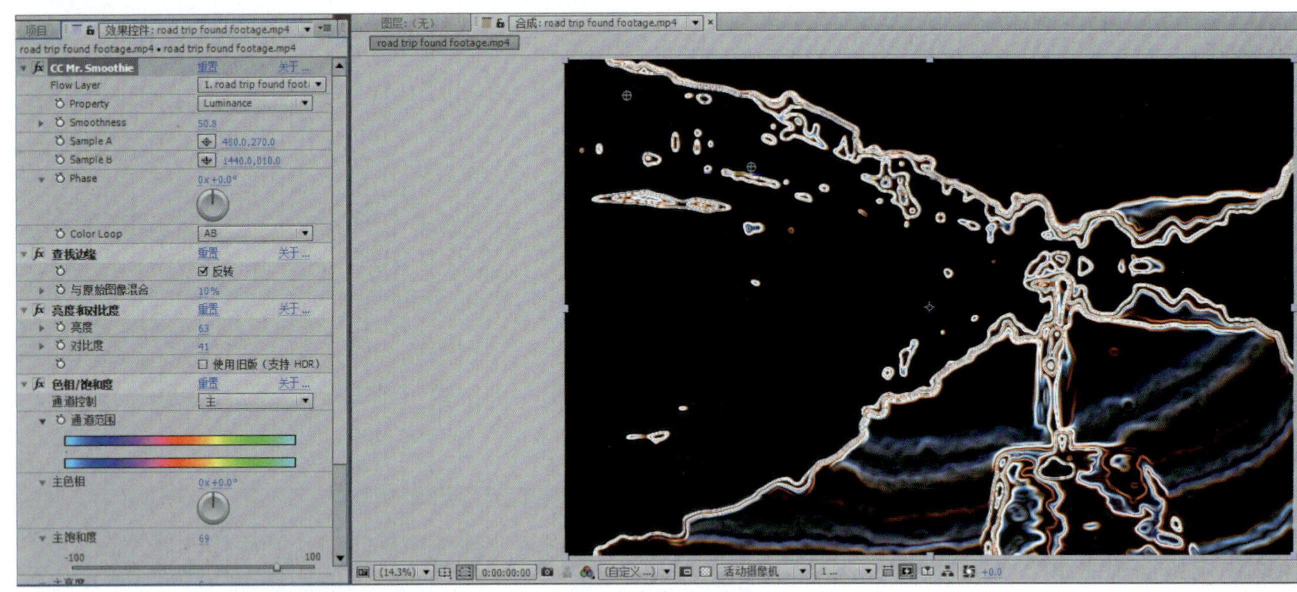

图3-5 “像素溶解运动”特效滤镜效果

4. 卡通

“卡通”特效滤镜中提供了“渲染”“细节半径”“细节阈值”“填充”“边缘”和“高级”等滤镜参数设置，能创建出类似于手绘漫画的效果，如图3-6所示。

5. 阈值

“阈值”特效滤镜可以将一个灰色或彩色的图像转换为一个高对比度的黑白图像。该特效滤镜将一定的色阶指定为阈值，所有比该阈值亮的像素被转成白色，相反，所有比该阈值暗的像素被转成黑色。

图3-6 “卡通”特效滤镜效果

通过使用该特效滤镜结合“卡通”特效滤镜可以制作出完美的版画印刷效果，如图3-7所示。

【级别】可以控制图片的颜色阈值，低于阈值的像素转化为黑色，高于阈值的像素转化为白色，取值范围为0～255。

3.1.2 过渡

过渡特效滤镜主要用于实现转场特效。After Effects中的转场特效与其他的非线性编辑软件中的转场特效不同，它是作用在图层上的，其他软件如Premiere、Fusion等的转场特效是作用在镜头与镜头之间的。After Effects中的过渡特效种类包含17种，如图3-8所示。下面着重介绍几款过渡特效滤镜。

1. CC Glass Wipe（玻璃状擦除）

“CC Glass Wipe”玻璃状擦除特效滤镜可创建一个玻璃化的过渡效果。它提供了“Completion（完成度）”“Layer to Reveal（显示图层级）”“Gradient Layer（渐

图3-7 “阈值”特效滤镜效果

CC Glass Wipe
CC Grid Wipe
CC Image Wipe
CC Jaws
CC Light Wipe
CC Line Sweep
CC Radial ScaleWipe
CC Scale Wipe
CC Twister
CC WarpoMatic
百叶窗
光圈擦除
渐变擦除
径向擦除
卡片擦除
块溶解
线性擦除

图3-8 过渡特效滤镜

变图层）” “Softness（柔化）” “Displacement Amount（置换数值）”等滤镜参数设置，效果如图3-9所示。

2. CC Grid Wipe（网格擦除）

“CC Grid Wipe”网格擦除特效滤镜可创建一个网格化的过渡效果。它提供了“Completion（完成度）” “Center（中心）” “Rotation（旋转）” “Border（边缘）” “Tiles（平铺）” “Shape（形状）” “Reverse Tran（反转过渡）”等滤镜参数设置，如图3-10所示。

3. CC Image Wipe（图像式擦除）

“CC Image Wipe”图像式擦除特效滤镜中提供了“Completion（完成度）” “Border Softness（边缘柔化）” “Anto Softness（自动柔化）” “Gradient(渐变)”等滤镜参数设置，如图3-11所示。

4. CC Light Wipe（光线擦除）

“CC Light Wipe”光线擦除特效滤镜主要功能是模拟光线在原图像前面加一个光线折射图形的擦拭效果。

图3-9 玻璃状擦除特效滤镜效果

图3-10 网格擦除特效滤镜过渡效果

图3-11　图像式擦除特效滤镜过渡效果

5. CC Scale Wipe（缩放擦除）

“CC Scale Wipe”缩放擦除特效滤镜可创建一种图像拉伸的过渡效果。它提供了“Stretch（拉伸）”、“Center（中心）”和“Direction（方向）”三种滤镜参数设置，如图3-12所示。

6. 渐变擦除

“渐变擦除”特效滤镜以指定一个层的亮度值为基础，创建一个渐变过渡的效果。在“渐变擦除”中，“渐变层”的像素亮度决定了当前层中哪些对应像素透明，以显示底层，如图3-13所示。

其中：

【过渡完成】：控制渐变擦除的程度。

【过渡柔和度】：控制切换时渐变层擦除边缘的柔和程度。

【渐变图层】：设置渐变层的擦拭。

【渐变位置】：控制渐变层擦除的位置和大小。

【反转渐变】：选择该选项可以反转渐变层。

7. 径向擦除

“径向擦除”特效滤镜可以围绕特定的点辐射状擦拭层，以显示底层，如图3-14所示。

其中：

【过渡完成】：控制辐射状擦拭范围的大小。

【起始角度】：控制开始擦拭的角度。

【擦除中心】：控制擦拭范围的中心位置。

【擦除】：设置擦拭范围的扩散方式。

【羽化】：控制擦拭边缘的羽化程度。

8. 块溶解

“块溶解”特效滤镜以随机的方块对两个层的重叠部分进行切换，如图3-15所示。

其中：

【过渡完成】：控制块面的溶解程度。

【块宽度】：控制块面的宽度。

图3-12 缩放擦除特效滤镜过渡效果

图3-13 渐变擦除特效滤镜过渡效果

图3-14 径向擦除特效滤镜过渡效果

图3-15 块溶解特效滤镜过渡效果

【块高度】：控制块面的高度。

【羽化】：控制块面边缘的羽化程度。

【柔化边缘（最佳品质）】：设置块面边缘的柔和度。该选项的作用与羽化基本相同。

3.1.3 模糊和锐化

模糊和锐化特效滤镜主要用来调整素材的清晰度。可以根据不同的用途对素材的不同区域或者不同层进行模糊或者锐化调整。此类特效滤镜包含17种基本类型，如图3-16所示。下面着重介绍几款模糊和锐化特效滤镜。

1. CC Radial Fast Blur（放射状快速模糊）

“CC Radial Fast Blur”放射状快速模糊特效滤镜可以对图像进行快速的放射状模糊处理，如图3-17所示。

CC Cross Blur
CC Radial Blur
CC Radial Fast Blur
CC Vector Blur
定向模糊
钝化蒙版
方框模糊
复合模糊
高斯模糊
减少交错闪烁
径向模糊
快速模糊
锐化
摄像机镜头模糊
双向模糊
通道模糊
智能模糊

图3-16 模糊和锐化特效滤镜

图3-17 放射状快速模糊特效滤镜效果

2. 径向模糊

“径向模糊”特效滤镜能以一个点为中心给图像增加移动或旋转模糊的效果，如图3-18所示。

【数量】：控制图像的模糊程度。模糊程度的大小取决于选取的类型，在旋转类型状态下数量表示旋转模糊的程度，而在比例类型下数量表示比例模糊的程度。

【中心】：调整模糊中心的位置。可以通过调整参数指定中心点的位置。

【类型】：设置模糊类型。其中提供了旋转和比例两种模糊类型。

【消除锯齿（最佳品质）】：该功能只在图像的最好品质下起作用，设置图像抗锯齿值。

3. 通道模糊

“通道模糊”滤镜特效可对图像中的“红色通道”、“绿色通道”、“蓝色通道”和“Alpha通道”进行单独的模糊，使用该滤镜可以制作特殊的发光效果或者使图像的边缘变得模糊，效果如图3-19所示。

其中：

【红色模糊度】：调整红色通道的模糊值。

【绿色模糊度】：调整绿色通道的模糊值。

【蓝色模糊度】：调整蓝色通道的模糊值。

【Alpha模糊度】：调整Alpha通道的模糊值。

调整时可以针对单独的某一通道进行调整，也可以设置所有通道的参数，得到图像整体模糊的效果。

【边缘特性】：描述如何处理实施模糊效果之后图像的边缘区域，“重复边缘像素选项”可以复制图像边缘周围像素，防止图像边缘变黑，从而保持图像边缘的锐化。

【模糊方向】：指定模糊的方式。其中提供了水平和垂直、水平、垂直三种选项。

4. 锐化

“锐化”特效滤镜通过增加相邻像素点之间的对比度使图像清晰化。可以使用该滤镜来锐化模糊的图像，使其变得清晰，但不能过度，否则画面会“失真”。锐化效果如图3-20所示。

图3-18　径向模糊滤镜效果

图3-19 通道模糊滤镜效果

图3-20 图像锐化效果

3.2 抠像与影片合成

在现代影视制作领域，“抠像”是被广泛采用的技术手段。有了抠像技术，我们可以在室内拍摄，然后在后期编辑软件中将背景替换掉，也可以将画面中不需要的部分去掉。当演员在绿色或蓝色构成的背景前表演时，就是运用了键控技术，但这些背景在最终的影片中是看不到的，因为其被其他背景画面替换了，这就是“抠像”。当然，“抠像”并不是只能用蓝色或绿色，只要是单一的、比较纯的颜色就可以，并且与演员的服装、皮肤的颜色反差越大越好，这样键控比较容易实现。

3.2.1 抠像滤镜的运用方法

在After Effects CC中，执行菜单栏中的【效果】里的【键控】命令，即可打开相应的滤镜。滤镜中提供了多种抠像方法，包括差值遮罩、亮度键、颜色范围、提取、线性色键、颜色键、溢出控制等特效滤镜。

1. CC简单金属丝移除

CC简单金属丝移除特效主要用于将拍摄特技时使用的钢丝快速地移除。该特效常被运用到影视吊威亚的抠图中，是最为实用的移除金属丝的特效工具之一。

将网盘中的素材“吊威亚人物”导入，应用CC简单金属丝移除滤镜后，通过调整点A、点B的坐标数值可控制金属丝的起始点位置，然后调整Thickness（厚度）属性值，具体参数设置如图3-21所示。参数设置好后，我们即可看到抠像前和抠像后的对比效果，如图3-22所示。

CC Simple Wire Removal	重置 关于...
Point A	413.9,246.3
Point B	354.3,-10.0
Removal Style	Displace
Thickness	6.20
Slope	50.0%
Mirror Blend	25.0%
Frame Offset	5
CC Simple Wire Removal 2	重置 关于...
Point A	376.0,254.8
Point B	333.5,-2.3
Removal Style	Displace
Thickness	4.20
Slope	50.0%
Mirror Blend	25.0%
Frame Offset	5

图3-21　CC简单金属丝移除参数设置

图3-22　使用CC简单金属丝移除威亚的前后效果对比

2. Keylight（1.2）

Keylight（1.2）特效是在After Effects CS4后新增的一个外挂插件，通过定义抠除颜色和参数设置，可以非常完美地对图像进行抠像处理。

打开网盘中的素材“绿屏拍摄人物”，应用【Keylight（1.2）】滤镜。选择钢笔工具，沿绿屏背景幕布四周绘制一条路径，将以外的区域抠除。然后选择“屏幕色”右侧的吸管工具，单击绿色幕布，可以吸取要抠取的所有颜色，配合“Screen Gain（屏幕增益）”和“Screen Balance（屏幕调和）”属性调节，即可更好地抠出目标区域，参数设置如图3-23所示。可以对比抠像前和抠像后的效果，如图3-24所示。

图3-23　Keylight（1.2）参数设置

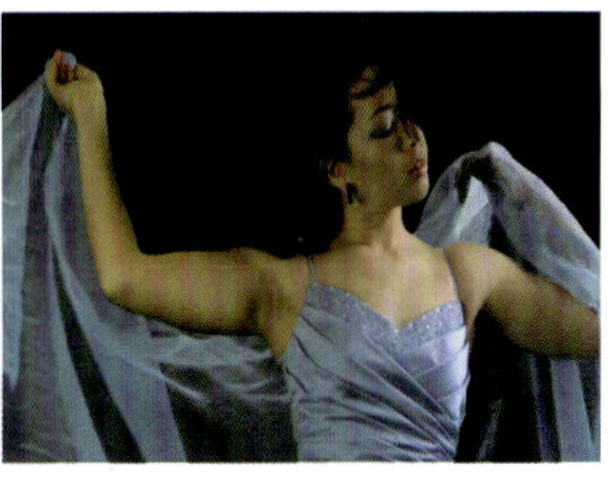

图3-24　使用Keylight（1.2）抠除绿色背景

3．差值遮罩

“差值遮罩”滤镜适合固定机位拍摄的素材，通过比较一个原层和它的一个差别层，使颜色与位置都相同的像素透明，不匹配的像素保留。差值遮罩属性面板如图3-25所示。例如：拍摄运动员奔跑的镜头，在现场很难用绿屏或蓝屏，此时可以让摄像机参数不变，拍摄完运动员奔跑的镜头后，再拍一部分空镜头。在后期制作中，使用“差值遮罩”使运动镜头和空镜头像素相比较，运动主体就被保留下来，而原背景由于像素相同变得透明。

fx 差值遮罩	重置　关于...
视图	最终输出
差值图层	1. 抠像素材
如果图层大小不同	居中
匹配容差	15.0%
匹配柔和度	0.0%
差值前模糊	0.0

图3-25　差值遮罩属性面板

4．亮度键

“亮度键”可以键出与指定亮度相近的像素，有以下四种键出方式。

“抠出较亮区域”：抠出值大于阈值，把较亮部分变为透明。

“抠出较暗区域”：抠出值小于阈值，把较暗的部分变为透明。

“抠出高度相似的区域”：抠出阈值附近的亮度。

“抠出亮度不同的区域”：抠出阈值范围之外的亮度。如图3-26所示。

fx 亮度键	重置　关于...
键控类型	抠出较暗区域
阈值	抠出较亮区域
容差	• 抠出较暗区域
薄化边缘	抠出亮度相似的区域
羽化边缘	抠出亮度不同的区域

图3-26　亮度键的四种键出方式

5．内外部键

“内外部键”特效是通过绘制遮罩层来对图像进行抠像。在图层面板的遮罩通道上绘制一个遮罩，将其指定给特效的前景或背景属性，来设置抠出区域的效果，内外部键属性面板如图3-27所示。

fx 内部/外部键	重置　关于...
前景（内部）	无
其他前景	
背景（外部）	无
其他背景	
单个蒙版高光半径	5
清理前景	
清理背景	
薄化边缘	0.0
羽化边缘	0.0
边缘阈值	0.0
	□ 反转提取
与原始图像混合	0.0%

图3-27　内外部键各参数

“前景（内部）”：该选项可选择为前景的蒙版层，该层所包含的素材将作为合成中的前景层。

“其他前景”：具有前景（内侧）选项的功能，可添加10个前景层。添加遮罩如图3-28所示。

图3-28　添加多个前景遮罩

“背景（外部）”：其功能与添加前景相似，作为合成中的背景层。

“其他背景”：和添加前景选项具有同样多的背景，只是作为合成中的背景层。

“清理前景/背景”：分别设置前景和背景的清除遮罩层，都可添加8个清除遮罩层。

“薄化边缘”：设置边缘的厚薄程度，数值越大，遮罩边缘就越薄。可作用于所有清除层。

“羽化边缘”：设置遮罩边缘的羽化程度，数值越大，羽化效果越突出。同样可作用于所有清除层。

“边缘阈值”：通过调整该选项中的参数，可以设置所有清除层的蒙版边缘的参数，较大值可以向内缩小蒙版的区域。

“与原始图像混合”：设置所有遮罩层与原始图像的混合程度，数值越大，与原始图像融合越紧密，但数值为100% 时，完全显示原始图像。

6. 提取

“提取”滤镜根据指定的一个亮度范围来产生透明效果，亮度范围的选择基于通道的直方图，提取键控适用于以白色或黑色为背景拍摄的素材，或者前、后背景亮度差异比较大的情况，也可消除阴影。控制参数如图3-29所示。

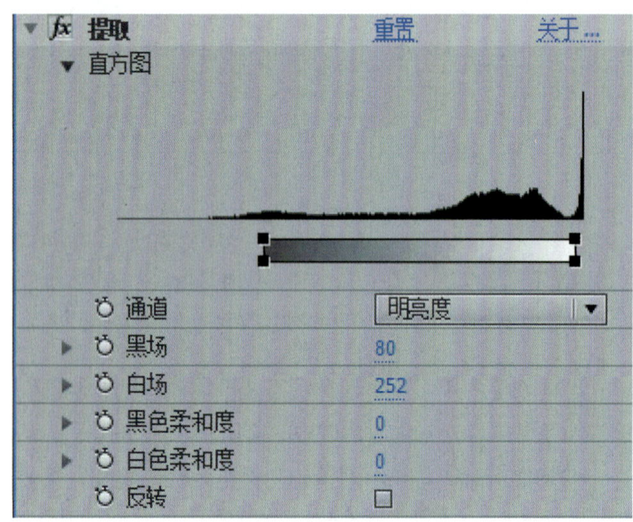

图3-29　提取各参数

其中：

“直方图”：用于显示从暗到亮的亮度标尺上分布的像素数量。

“通道”：用于选择应用抽取键控的通道，可以选择Luminance亮度通道、Red红色通道、Green绿色通道、Blue蓝色通道和Alpha透明通道。

“黑场”：设置黑点，小于黑点的颜色透明。

“白场”：设置白点，大于白点的颜色透明。

“黑色柔和度”：用于设置左边暗区域的柔和度。

“白色柔和度”：用于设置右边亮区域的柔和度。

“反转”：用于反转键控区域。

7. 线性颜色键

“线性颜色键”是一个标准的线性键，线性键可以包含半透明的区域。线性颜色键根据RGB彩色信息或Hue色相及Chroma饱和度信息，与指定的键控色进行比较，产生透明区域。之所以叫作线性键，是因为可以指定一个色彩范围作为键控色。它可用于大多数对象，但不适合半透明对象。

将网盘中的素材导入，应用“线性色键”滤镜，用“主色吸管工具”在合成窗口吸取白色，通过“匹配颜色”和“匹配柔和度”选项增加或减少选区，调整参数，效果如图3-30所示。

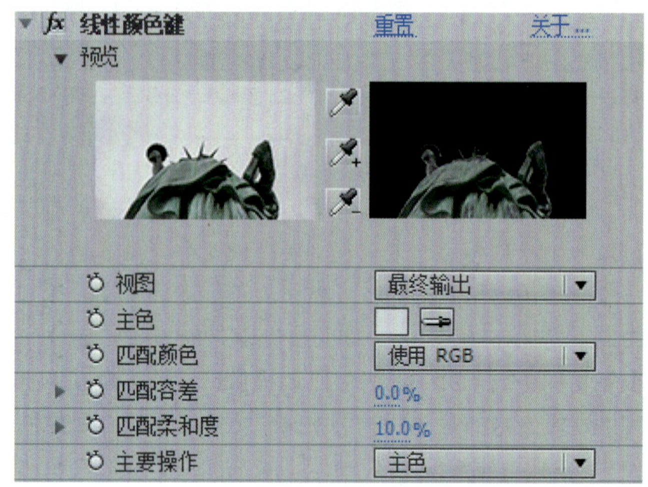

图3-30　使用线性颜色键抠取背景

8. 颜色差值键

“颜色差值键”把图像分成两个遮罩，即遮罩A和遮罩B，其中遮罩B是键控色区域，遮罩A是键控色之外的遮罩区域。然后组合两个遮罩，得到第三个遮罩，即α遮罩，颜色差值键能使抠出的区域变得透明，它适合处理含有透明或半透明区域的素材。

将网盘中的素材导入，执行“颜色差值键”滤镜，先用第一个吸管吸取云层，再用第二个和第三个吸管调整参数，效果如图3-31所示。第一个吸管的作用是从原图中吸取要抠取的颜色，第二个吸管的作用是从预览视图中单击透明区域，使该区域透明，第三个吸管的作用是从预览视图中单击不透明区域，使该区域不透明。

9. 颜色键

“颜色键”滤镜可以键出所有与指定颜色相近的像素，对于单一的背景颜色可以使用此工具。当选择一个键出色后，该颜色区域变为透明，同时可以控制键出色的容差值和透明区域边缘的缩放，还可以对键控的边缘进行羽化，消除杂边。

10. 溢出抑制键

由于背景颜色的反射，键出图像的边缘通常都有背景色溢出，用【溢出控制】滤镜可以消除图像边缘残留的键出色。如果该效果不明显，可以用【调色工具】如【色相/饱和度】等来降低某种颜色的饱和度，以达到更好的效果。

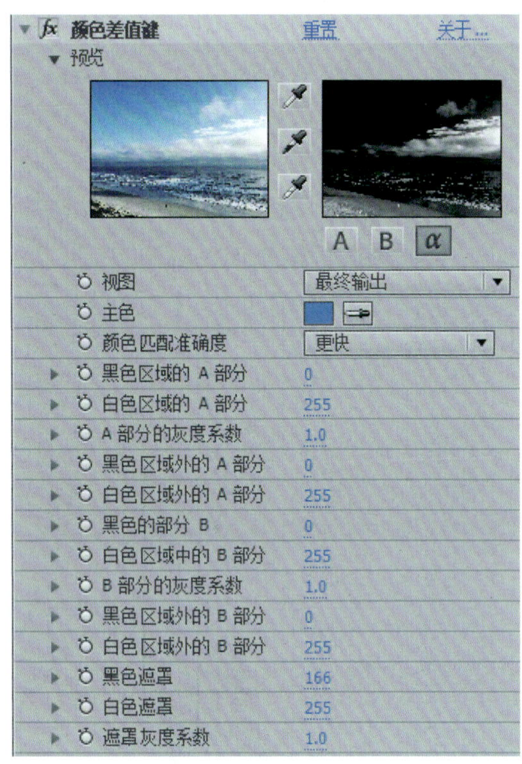

图3-31 使用颜色差值键抠像

3.2.2 抠像与合成实例

制作步骤：

（1）打开After Effects CC，单击文件下的新建项目，双击项目窗口空白处，在弹出的导入窗口中选择网盘中的素材“绿屏素材”和“背景”，单击打开按钮，导入素材至项目面板。

（2）给素材添加【键控】下的颜色键特效，用吸管吸取绿色背景区域，参数调整如图3-32所示。

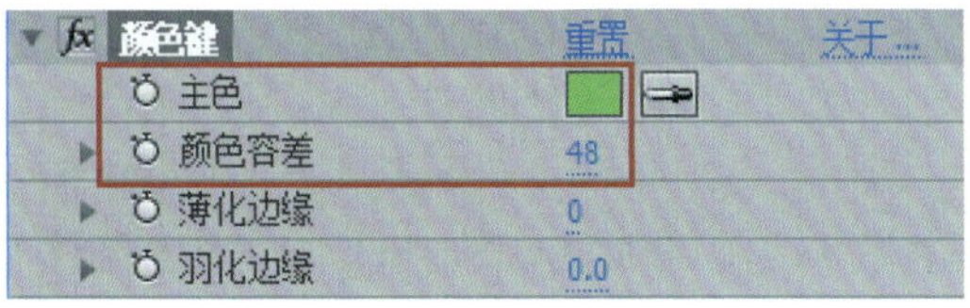

颜色键 重置 关于...
主色
颜色容差 48
薄化边缘 0
羽化边缘 0.0

图3-32 第一个颜色键设置

（3）再次给该素材应用颜色键特效，用吸管吸取绿色背景区域，并设置颜色键参数面板如图3-33所示。

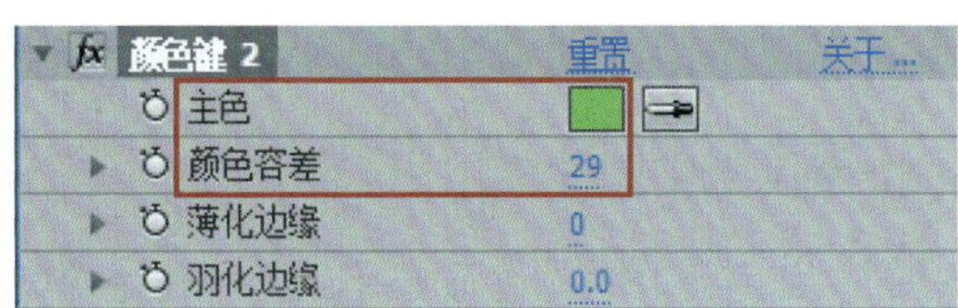

图3-33 第二个颜色键设置

（4）给素材添加效果里面的遮罩下的简单阻塞特效，调整阻塞遮罩后面的参数为-100，效果如图3-34所示。

图3-34 使用简单阻塞后的合成效果

（5）新建一个洋红色固态层，并且放在素材层下方，效果如图3-35所示。

图3-35 新建洋红色固态层

（6）给素材层添加效果里的Keylight（1.2）特效，用屏幕色后的吸管工具吸取人物周围的绿色，效果如图3-36所示。

图3-36 使用Keylight（1.2）的效果

（7）这时，人物周围的抠像仍然不是很干净。调整Keylight（1.2）特效面板的参数。将视图改为Combined

Matte模式，其他参数设置如图3-37所示。

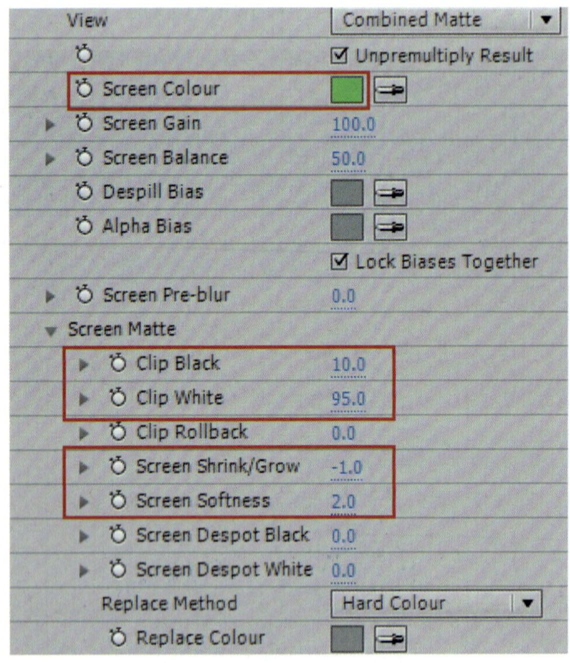

图3-37　Keylight（1.2）参数设置

（8）现在人物周围的背景已经成功抠取了，接下来要调整素材的色调，使之和背景色调及光影一致。给素材层应用色彩校正里的色阶命令，参数设置如图3-38所示。

（9）隐藏洋红色固态层，新建一个调节层，将该层放置在所有图层的最上方。给调节层应用色阶工具，统一调整背景和素材的色调，使之更加统一。参数设置如图3-39所示。最终合成效果如图3-40所示。

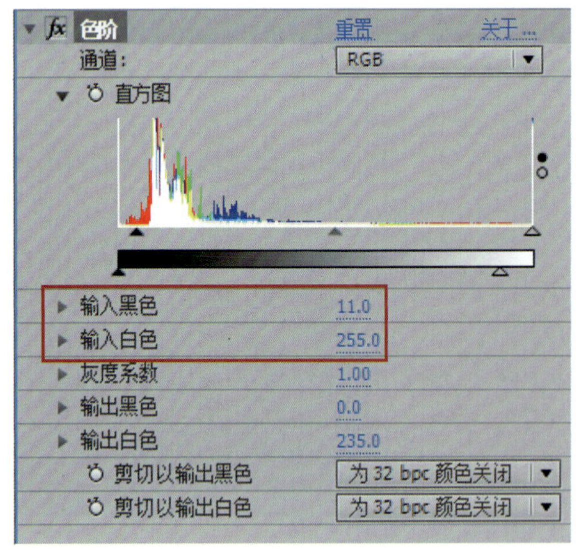

图3-38　色阶参数设置

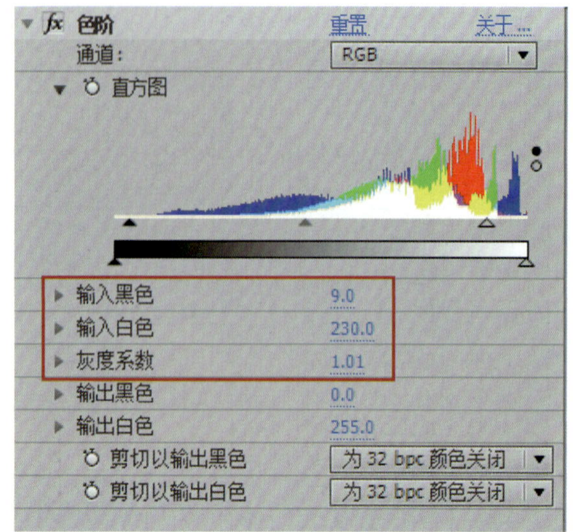

图3-39　色阶参数设置

图3-40　最终合成效果

3.3　粒子特效

粒子特效是After Effects【模拟】特效滤镜中的主要功能，该组特效滤镜主要用于模拟现实世界中物体间的相互作用，创建出下雨、泡沫、雪花和爆炸等效果。其中提供了CC Ball Action（滚珠）、CC Bubbles（气泡）、CC Drizzle（细雨）、CC Hair（毛发）、CC Mr.Mercury（水银滴落）、CC Particle Systems Ⅱ（粒子仿真系统）、CC Particle World（粒子仿真世界）、CC Pixel Polly（像素变形）、CC Rainfall（下雨）、CC Scatterize（散射）、CC Snowfall（下雪）、CC Star Burst（星爆）、波形环境、焦散、卡片动画、粒子运动场、泡沫、碎片等特效滤镜。

3.3.1　模拟特效滤镜

如图3-41所示，执行【效果】菜单中的【模拟】命令，即可打开相应滤镜。利用模拟仿真滤镜中的各种滤镜特效，可以制作出各种不同的视觉效果。下面着重介绍几款模拟特效滤镜。

CC Ball Action
CC Bubbles
CC Drizzle
CC Hair
CC Mr. Mercury
CC Particle Systems II
CC Particle World
CC Pixel Polly
CC Rainfall
CC Scatterize
CC Snowfall
CC Star Burst
波形环境
焦散
卡片动画
粒子运动场
泡沫
碎片

图3-41　模拟特效滤镜

1. CC Ball Action（滚珠）

“CC Ball Action”滚珠滤镜根据画面的色彩像素变化模拟小球颗粒的效果。它提供了“Scatter（散射）”“Rotation Axis（旋转坐标）”“Rotation（旋转）”“Twist Property（扭曲特性）”“Twist Angle（扭曲角度）”“Grid Spacing（网格间隔）”“Ball Size（滚珠大小）”“Instability State（不稳定状态）”等滤镜参数设置，效果如图3-42所示。

2. CC Bubbles（气泡）

“CC Bubbles”气泡滤镜能够模拟简单的气泡运动效果，一般此滤镜不直接运用，而是需要借助After Effects的【纯色层】，修改【纯色层】的颜色就能控制气泡的色彩。它提供了“Bubble Amount（气泡数量）”“Bubble Speed（气泡速度）”“Wobble Amplitude（摆动幅度）”“Wobble Frequency（摆动频率）”“Bubble Size（气泡大小）”“Reflection Type（反射类型）”“Shading Type（明暗类型）”等参数设置，效果如图3-43所示。

3. CC Drizzle（细雨）

“CC Drizzle”细雨滤镜能够模拟雨水滴入水面，产生一圈圈涟漪的效果，可以用来模拟雨天水中的倒影。它提供了“Drip Rate（滴落速度）”“Longevity（寿命）”“Rippling（波纹）”“Displacement（置换）”“Ripple Height（波纹高度）”“Spreading（传播）”“Light（光线）”“Shading（明暗）”等参数设置，效果如图3-44所示。

4. CC Hair（毛发）

“CC Hair”毛发滤镜能够根据画面色彩模拟不同颜色的毛发效果。它提供了“Length（长度）”“Thickness（厚度）”“Weight（宽度）”“Density（密度）”“Hairfall Map（毛发映射）”“Hair Color（毛发色）”“Light（照明）”“Shading（明暗）”等参数设置，效果如图3-45所示。

5. CC Mr. Mercury（水银滴落）

“CC Mr.Mercury”水银滴落滤镜模拟画面融化的效果。它提供了“Radius(半径) X”“Radius(半径) Y”“Producer（产生点）”“Direction（方向）”“Velocity（速率）”“Birth Rate（出生速率）”“Longevity（寿命）”“Gravity（重力）”“Resistance（阻力）”“Extra（额外）”“Animation（动画）”“Blob Influence（网点影响）”“Influence Map（影响映射）”“Blob Birth Size（圆点出生大小）”“Blob Death Size（圆点消逝大小）”“Light（照明）”和“Shading（明暗）”等参数设置，效果如图3-46所示。

6. CC Rainfall（下雨）

“CC Rainfall”下雨滤镜模拟雨天的效果。它提供了“Drops（雨的数量）”“Size（雨滴大小）”“Scene Depth（雨场深度）”“Wind（风）”“Speed（速度）”“Spread（角度）”“Opacity（透明度）”“Extras（额外）”等参数设置，效果如图3-47所示。

7. CC Snowfall（下雪）

“CC Snowfall”下雪滤镜模拟雪花飘扬的下雪效果，它提供了“Flakes（雪花密度）”“Size（雪花大小）”“Variation% (Size)（大小混乱）”“Scene Depth（雪场深度）”“Wind（风）”“Variation% (Wind)（风速混乱）”“Speed（速度）”“Spread（角度）”“Opacity（透明度）”“Extras（额外）”等参数设置，效果如图3-48所示。

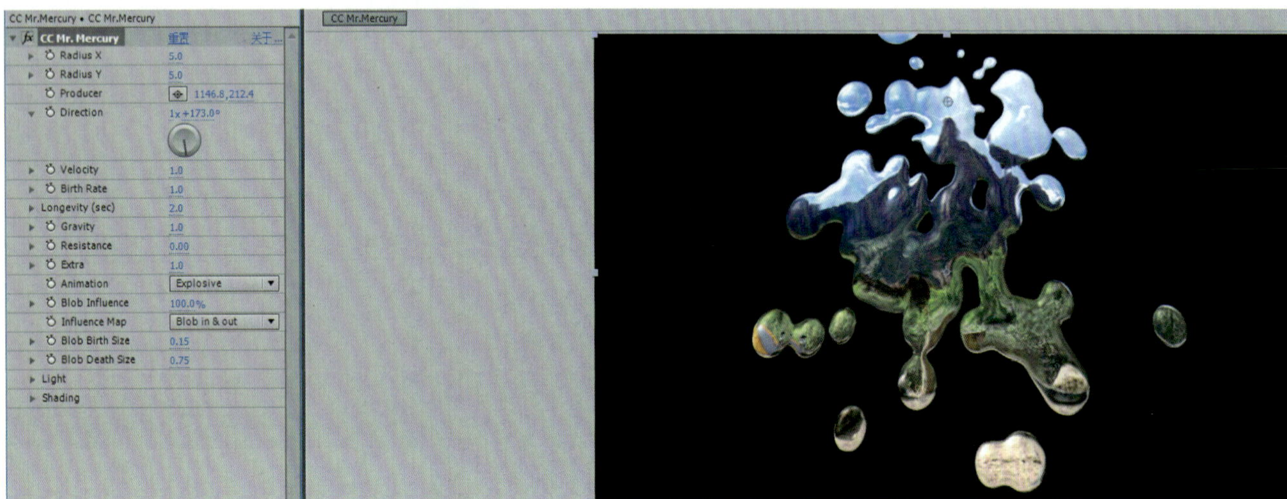

图3-46 水银滴落模拟效果

图3-47 下雨模拟效果

图3-48　下雪模拟效果

8. 泡沫

“泡沫”滤镜和“CC Bubbles”气泡滤镜相似，也能模拟气泡运动效果，但是具有更多的物理属性，效果也更丰富。一般此滤镜不直接运用，需要借助After Effects的【纯色层】来实现效果。注意，修改【纯色层】的颜色不能控制气泡的色彩。它提供了“视图”“制作者”“气泡”“物理学”“缩放”“综合大小”“正在渲染”“流动映射”“模拟品质”“随机植入”等参数设置，效果如图3-49所示。

图3-49　泡沫模拟效果

3.3.2 粒子特效合成实例

粒子作为影视特效中的重要组成部分，一直是学习的重点。Particular插件是Trapcode公司针对After Effects软件开发的第三方插件，主要用来实现粒子特效的制作。相较于After Effects自带的粒子系统，它支持更多粒子发射模式，自带30种特效预置，提供了多种粒子渲染方式，可以轻松地模拟现实世界中的雨、雪、烟、云、焰火等效果。同时在粒子运动的控制上，它对重力、空气阻力以及粒子间斥力等物理学现象的模拟也是相当出色的，如图3-50所示。

下面就通过Trapcode Particular这款插件来进行粒子特效合成实例操作。在制作本案例前，请先将网盘素材第3章中的Trapcode插件安装到After Effects所在目录下Adobe After Effects CC/Support Files/Plug-ins文件夹中。

图3-50 Trapcode Particular粒子

（1）打开After Effects软件，单击【文件】菜单下【新建】/【新建项目】命令，新建一空白工程项目。随后单击【文件】菜单下【另存为】/【保存】命令，保存该工程项目，命名为“暴风雪.aep”，如图3-51和图3-52所示。

图3-51 新建项目

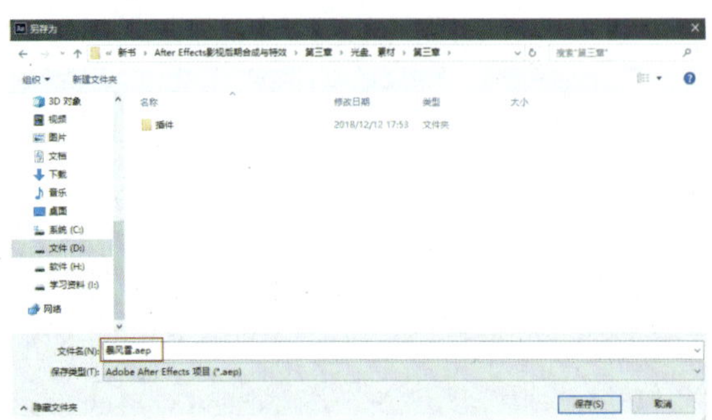

图3-52 另存新建项目

（2）单击【文件】菜单下【导入】/【文件】命令，打开【素材导入】对话框，将“Snow.mov”素材文件导入After Effects的项目面板。

（3）创建新的合成。在项目栏中选择“Snow.mov”视频文件，将其拖放至图层面板中，松开鼠标左键，依据该素材创建一个新的合成。

（4）选择“snow”图层，单击【效果】菜单下【颜色校正】/【曲线】命令，打开曲线调色控制对话框，如图3-53所示，分别对【RGB通道】、【红色通道】、【绿色通道】以及【蓝色通道】的曲线进行调整，最后“snow”的画面效果如图3-54所示。

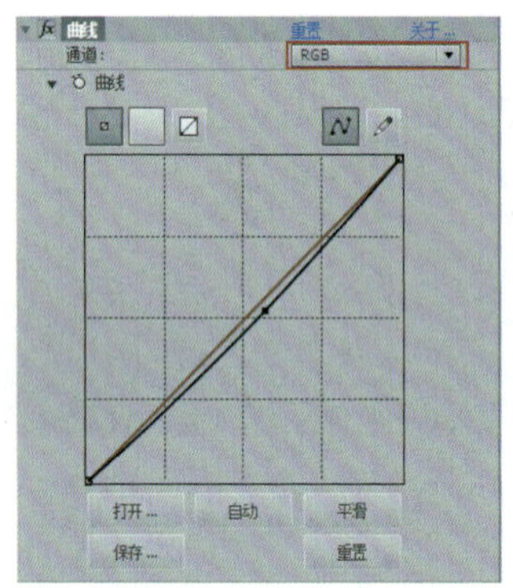

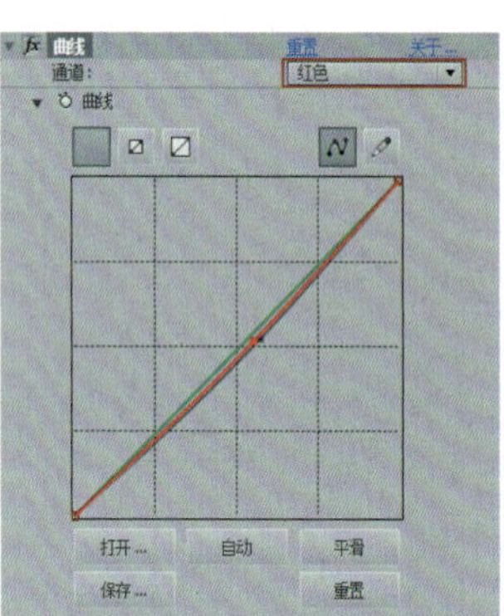

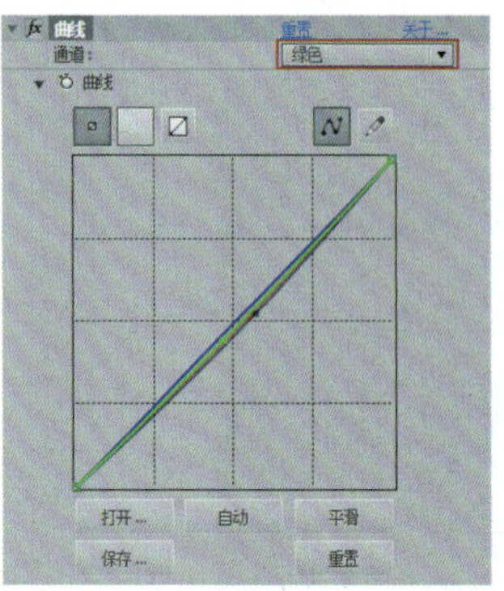

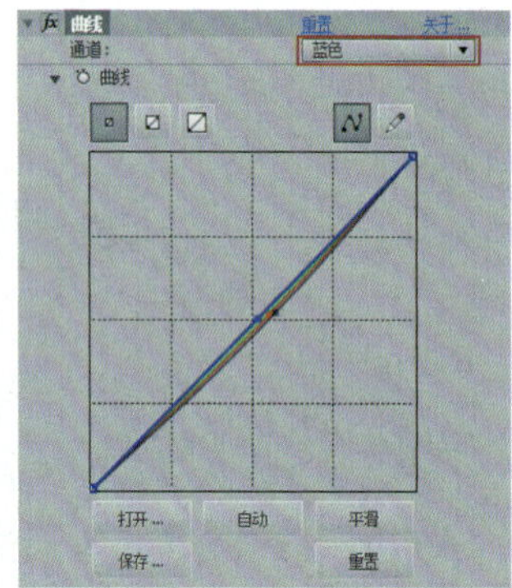

图3-53 “snow”图层曲线调色设置

图3-54 “snow”图层曲线调色效果

（5）Trapcode Particular粒子效果必须借助于黑色纯色层来实现。单击【图层】菜单下【新建】/【纯色层】命令，新建一个黑色纯色层，命名为“下雪”，如图3-55所示。

（6）选择“下雪”图层，单击【效果】菜单下的【Trapcode】/【Particular】命令，在合成预览视窗中创建粒子发射器，如图3-56所示。

（7）在Particular参数面板中展开【发射器】属性设置，设置“粒子/秒”的值为“300”，增加场景中每秒发射的粒子数；设置“发射器类型”为“盒子”；分别设置“发射器尺寸”的X、Y、Z轴的值为“1 124，0，1 331”，让粒子在X、Z轴方向充满整个画面，效果如图3-57所示。

（8）移动发射器的X、Y位置到画面的上方。由于原“Snow”素材带了边框，为了保证粒子雪的真实效果，需要在“snow”图层上创建遮罩。

单击【图层】菜单下【新建】/【纯色】命令，新建一个黑色纯色层，命名为“边框”。

确保“边框”图层为选择状态，单击快捷工具栏中的【矩形工具】，使用矩形工具在合成预览窗口绘制出一黄色矩形，形成矩形蒙版遮罩。勾选【蒙版】属性中的【反转】选项，得到电影宽幕的黑色边框效果。单击【播放】按钮，可以看到粒子从画面上方徐徐飘落，效果如图3-58所示。

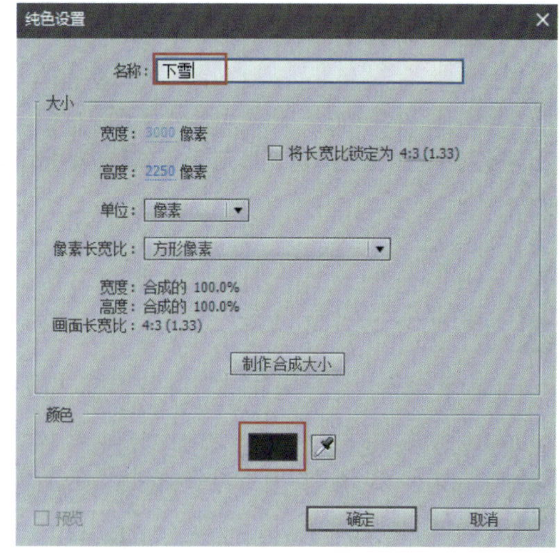

图3-55　创建纯色层

图3-56　创建Particular粒子发射器

图3-57　设置粒子发射器参数效果

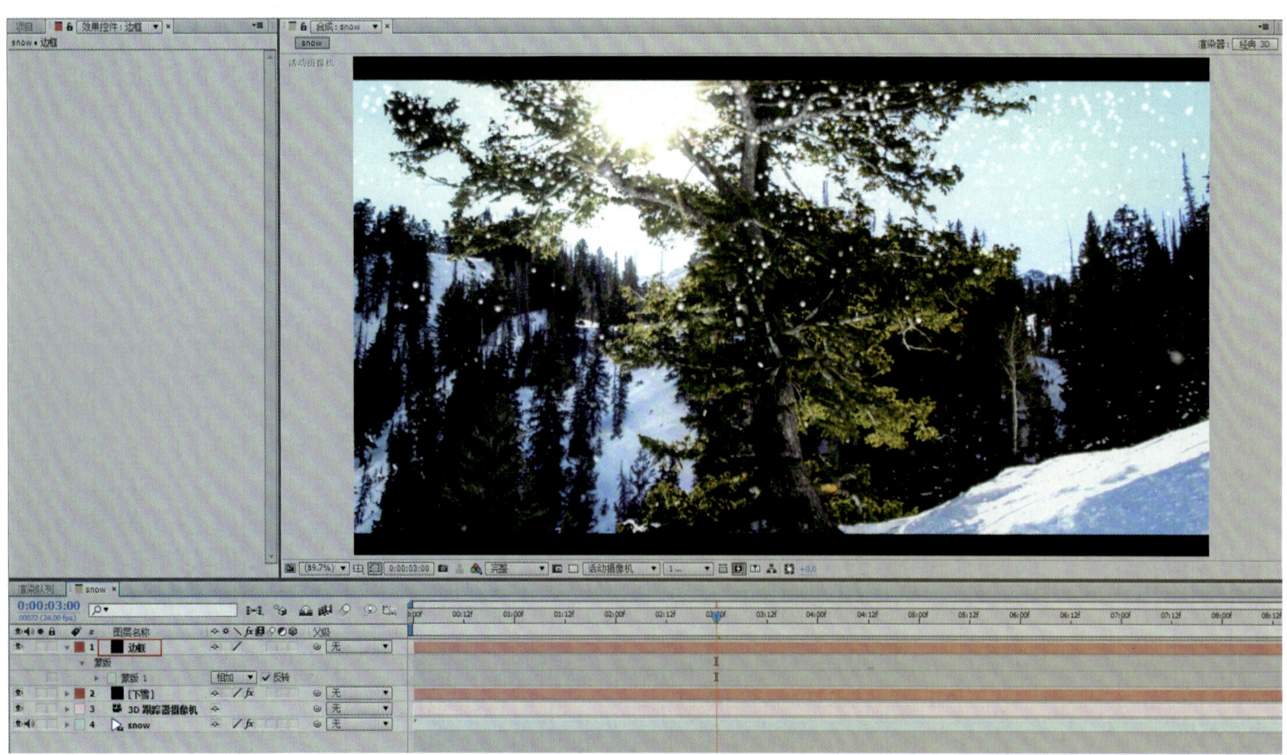

图3-58　蒙版边框遮挡粒子效果

（9）接下来如图3-59所示继续设置【发射器】属性相关参数，修改“子帧位置”为“10x平滑”，“方向”为“双向”；设置“随机速率[%]”和“分布速度”的数值都为“0”；设置【发射器附件】中的“预运行”值为“10”，让粒子在起始帧前就运行，充满画面。

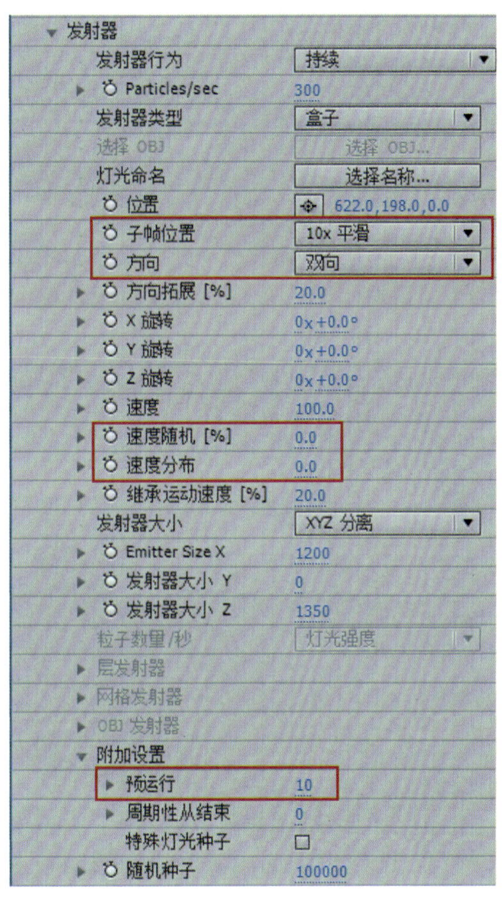

图3-59 发射器属性相关参数设置

（10）如图3-60所示，设置“粒子”属性相关参数，设置“生命[秒]”的值为“100”；修改“粒子类型”为“云朵”；设置粒子“大小”的值为“3”；修改粒子“颜色”为“灰白色”，设置粒子“不透明”的值为“50%”，形成“鹅毛大雪”画面效果。

（11）对“鹅毛大雪”的物理学动态属性进行设置。设置“重力”值为“50”；设置粒子受“空气阻力”的值为“0.2”；分别设置“风向”的X、Y、Z轴的值为“50”“0”“300”；设置扰乱场“影响位置”的值为“50”，如图3-61所示。

单击▶【播放】按钮，可以看到画面中雪的效果不理想，没有空间层次感和动态效果，而且没有随镜头的移动而产生位移，不真实。下面要用到After Effects的跟踪摄像机功能，对“Snow”素材画面运动进行反求从而创建出3D摄像机。

（12）选择“snow”图层，单击【动画】菜单下【跟踪摄像机】命令，为“snow”素材添加【3D摄像机跟踪器】效果控件。如图3-62所示，【3D摄像机跟踪器】效果控件自动对跟踪画面进行后台分析，并计算出画面中的跟踪点。

（13）【3D摄像机跟踪器】效果控件完成计算后，单击【创建摄像机】按钮，After Effects自动在图层面板中创建一个3D跟踪器摄像机。

创建摄像机后，画面中的雪花粒子具有了景深和层次效果，而且能够随镜头的移动而产生相应的位移。但是同时也影响了雪花在画面中位置和整体密度效果，可以通过修改“粒子/秒”的值为“4 550”，增加场景中每秒发射的粒子数；修改“发射器大小”的X、Y、Z轴的值为“10 000”“1 000”“3 600”，扩大雪花粒子的空间范围。单击▶【播放】按钮，完成粒子特效合成实例的制作，最终效果如图3-63所示。

3.4 色彩校正特效

素材校色是影视制作中很重要的一步，尤其是在后期处理阶段。由于拍摄时间、条件不同，镜头组接在一起需要进行颜色的调整和匹配，当然有时还会因为影片情感而改变图像的色调。色调能够表现时间感（如营造春夏秋冬、清晨、中午、傍晚、夜晚的环境等），营造正确的环境氛围（如欢快、喜庆、阴森、恐怖、神秘等），保证连场镜头（即前后镜头）色调统一，整场戏、整部片子的色调风格的正确与统一，如图3-64至图3-68所示。

3.4.1 颜色校正滤镜介绍

After Effects CC提供了33个颜色校正特效命令，可以在影视后期编辑工作中对视频影像进行色彩问题的调整校正，或者根据创意为影片画面添加独特的变色效果。由于同属于Adobe公司，After Effects的大部分颜色校正命令和Photoshop中的图像色彩调整命令相同，而且它们的原理、功能也是基本一致的。只是在After Effects中可以将它们运用在动态的视频素材上，还可以利用添加关键帧来创建丰富的色彩变化动画。

图3-60　粒子属性相关参数设置

图3-61　物理学属性相关参数设置

图3-62　3D摄像机跟踪器计算

图3-63 粒子特效合成实例最终效果

图3-64 镜头色调匹配校色效果

图3-65 电影情感校色效果

图3-66　摄影风格校色效果

图3-67　季节变化校色效果

图3-68　“MV”风格校色效果

单击【效果】菜单下【颜色校正】命令，如图3-69所示，即可选择相应滤镜，利用各种特效滤镜制作不同的视觉效果。下面着重介绍几款常用颜色校正命令。

CC Color Neutralizer
CC Color Offset
CC Kernel
CC Toner
PS 任意映射
保留颜色
更改为颜色
更改颜色
广播颜色
黑色和白色
灰度系数/基值/增益
可选颜色
亮度和对比度
曝光度
曲线
三色调
色调
色调均化
色光
色阶
色阶（单独控件）
色相/饱和度
通道混合器
颜色链接
颜色平衡
颜色平衡 (HLS)
颜色稳定器
阴影/高光
照片滤镜
自动对比度
自动色阶
自动颜色
自然饱和度

图3-69 颜色校正命令

1. CC Color Neutralizer（CC色彩中和）

该特效可以通过制定新的色彩，为图像重新定义暗部、中间色、亮部及高光部的色彩，并使新的图像效果实现色彩的中和平衡，如图3-70所示。

2. CC Color Offset（CC色彩偏移）

该特效可以单独为图像的每个色彩通道以色环为基准进行色彩偏移，以增加像素中该色彩的浓度，改变图像的整体色彩效果，如图3-71所示。

3. CC Kernel（CC核心）

该特效可以对图像的亮度和对比度进行多层次的调整，进而改变图像色彩的亮度和对比度。该特效特别适合表现逆光拍摄画面的通透感、光感和空气感，如图3-72所示。

4. CC Toner（CC增色）

该特效可以分别为图像的高亮部、暗部、中间色、阴影、暗部等像素进行单独着色处理，编辑出需要的单色或多色效果，通过调整与原图像的融合度得到渐进的着色效果，用来表现场景从白天到夜晚的色彩变化，如图3-73所示。

5. 更改为颜色

该特效可以用另外的颜色来替换原来的颜色，并能调节图像色彩，如图3-74所示。

图3-70 CC色彩中和命令校正效果

图3-71　CC色彩偏移命令校正效果

图3-72　CC核心命令校正效果

图3-73　CC增色命令校正效果

图3-74　更改为颜色命令校正效果

6. 灰度系数/基值/增益

该特效可以单独调整每个色彩通道的灰度系数/基值/增益值，并能调节图像色彩，如图3-75所示。

7. 亮度和对比度

该特效直接调节整个图像的亮度和对比度，也能获得通透的光感，但是容易使画面的最亮部分曝光过度，如图3-76所示。

8. 曲线

该特效通过调整曲线来改变图像的色调，调节图像的暗部和亮部的平衡，比【色阶】特效功能更强大、更精细，【通道】用于选择要进行调控的通道，可以选择RGB彩色通道、Red红色通道、Green绿色通道、Blue蓝色通道或Alpha透明通道分别进行调控，如图3-77所示。

9. 色阶

色阶用于将输入的颜色范围重新映射到输出的颜色范围，还可以改变Gamma值（灰度）。色阶主要用于基本的影像质量调整。色阶参数中，【通道】用于选择要进行调控的通道，可以选择RGB彩色通道、Red红色通道、Green绿色通道、Blue蓝色通道或Alpha透明通道分别进行调控。HIStogram谱线图显示像素值在图像中的分布，水平方向表示亮度值，垂直方向表示该亮度值的像素数量。

10. 色相 / 饱和度

该特效主要用于精细调整图像的色彩，能够通过滑块和转轮快速改变画面色彩的浓度以及变换颜色，如图3-78所示。

3.4.2 影视校色实例

了解了颜色校正滤镜的基本功能后，下面通过校色实例来介绍影视校色的基本流程和技巧。在实际的影视后期编辑工作中，常用的色彩校正命令主要包括色彩的变换以及调整色彩的饱和度、对比度、明度等，其他的特效命令通常只在有特殊效果需要时才使用。

（1）打开After Effects软件，单击【文件】菜单下【新建】/【新建项目】命令，新建一空白工程项目。随后单击【文件】菜单下【另存为】/【保存】命令，保存该工程项目，命名为“影视校色实例.aep”。

（2）单击【文件】菜单下【导入】/【文件】命令，打开素材导入对话框，将“影视校色素材.mp4”视频文件导入After Effects的项目面板。

图3-75　灰度系数/基数/增益值命令校正效果

图3-76　亮度和对比度命令校正效果

图3-77　曲线命令校正效果

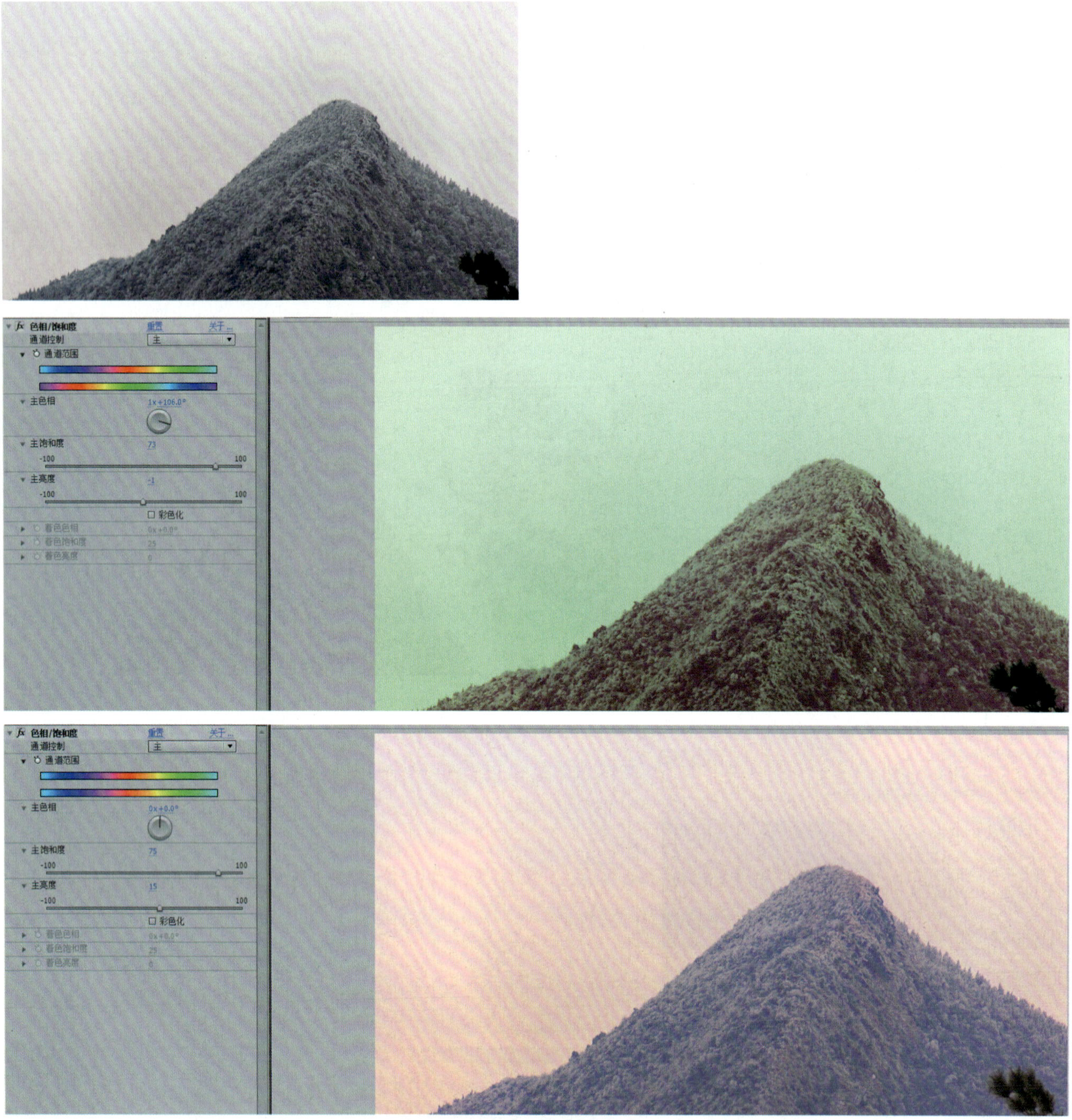

图3-78　色相/饱和度命令校正效果

（3）要进行校色处理，首先要创建新的合成。在项目栏中选择“影视校色素材.mp4”视频文件，将其拖放至图层面板中再松开鼠标左键，依据该素材创建一个新的合成。

在进行After Effects调色时需要注意以下步骤：

（1）先观察原始画面，对原始画面进行分析，如明暗画面是否正确，画面有无偏色，色彩及色调是否符合全片主题。

（2）进行科学的校色。观察色阶直方图，用【色阶】和【曲线】调节画面的明暗，依据画面的阴影、中间调和高光，对画面进行科学的亮度校正和色彩校正，调节明暗和偏色。

（3）进行艺术的调色。每个镜头都可分为高光、阴影、中间调。高光永远都是偏红黄的；阴影永远都是偏蓝绿的；中间调的颜色决定了整个画面的色调——冷色调或者暖色调。

（4）遵循影视校色步骤。首先对原始素材进行分析，可以发现原始素材由三个不同的镜头组成，所有镜头画面都发灰、缺少明暗层次、色彩倾向不明显，而且人物噪点较多，如图3-79所示。

图3-79　原始素材效果

（5）选择“影视校色素材”图层，单击【效果】菜单下的【颜色校正】/【色阶】命令，打开【色阶控制】对话框，设置相关参数，提高画面的黑、白层次感，效果如图3-80所示。

（6）单击【效果】菜单下的【颜色校正】/【曲线】命令，打开【曲线控制】对话框，设置相关参数，进一步提高画面的层次感，效果如图3-81所示。

（7）单击【效果】菜单下的【颜色校正】/【色相/饱和度】命令，打开【色相/饱和度控制】对话框，设置相关参数，加强画面色彩的饱和度，效果如图3-82所示。

（8）单击【效果】菜单下的【颜色校正】/【照片滤镜】命令，打开照片滤镜控制对话框，设置相关参数，调节画面色彩使其趋向冷色调，效果如图3-83所示。

（9）单击【效果】菜单下的【颜色校正】/【曝光度】命令，打开【曝光度控制】对话框，设置相关参数，提高画面的曝光度，获得更好的光感效果，如图3-84所示。

（10）单击【播放】按钮，观察画面，可以发现视频中的第三个镜头出现了曝光过度的问题。单击曝光度属性的【动画记录】按钮，移动时间标尺到0秒、5秒的位置，并分别设置曝光度数值为0.4、0，注意0秒位置的关键帧插值方式为【定格】。完成不同镜头之间的曝光处理，如图3-85所示。

（11）单击【效果】菜单下的【杂色和颗粒】/【移除颗粒】命令，打开【移除颗粒控制】对话框，设置相关参数，消除画面中的噪点，最终完成影视校色案例的操作，如图3-86所示。

至此，通过单击【RAM预览】按钮进行动画预览，预览所有音效、画面匹配操作，确认无误后进行最终渲染输出。

（12）单击【合成】菜单下的【添加到渲染队列】命令，打开渲染输出面板，设置输出“格式”为“QuickTime”，修改“格式选项”为“H.264”，设置“调整大小”为“H.264HDV/HDTV 1080 24”。然后单击【渲染】按钮，输出成片，最终完成“影视校色实例”的特效制作。

图3-80　对素材进行色阶校色处理

图3-81　对素材进行曲线校色处理

图3-82　色相/饱和度画面处理效果

图3-83　画面色调处理效果

图3-84　画面曝光度处理效果

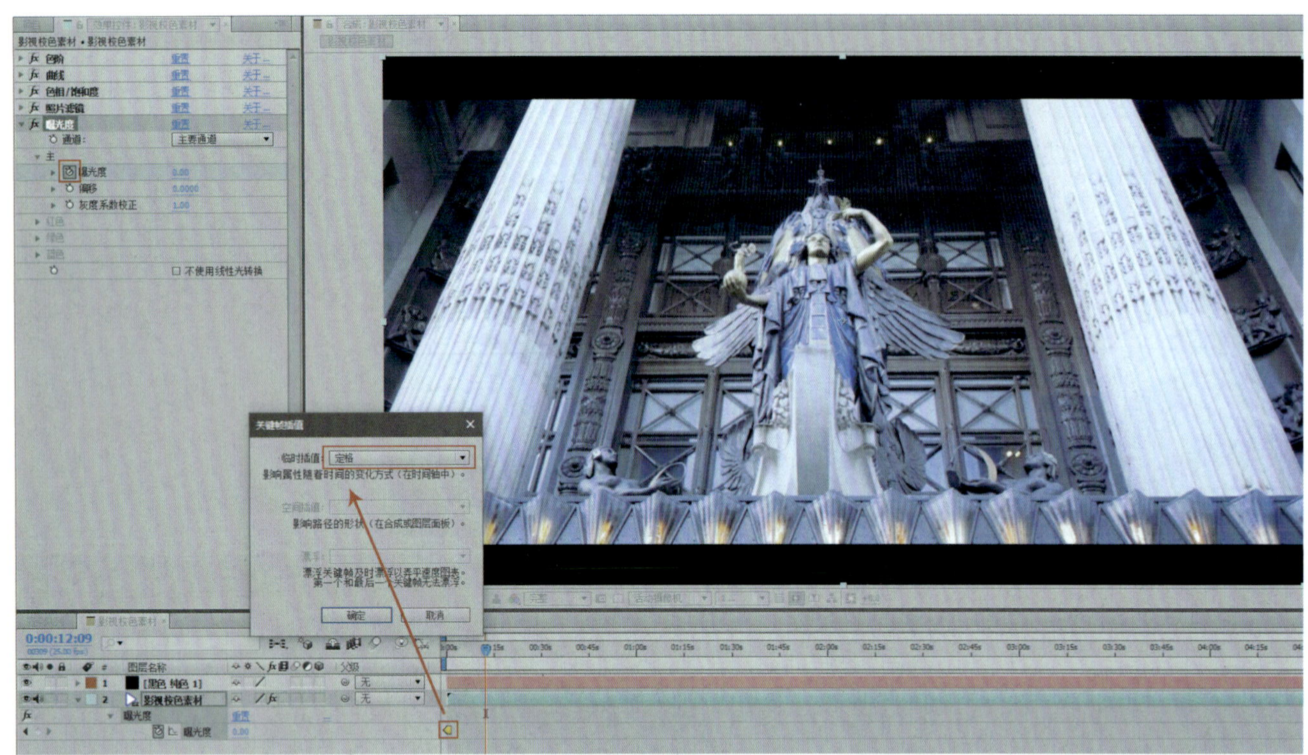

图3-85　曝光度动画关键帧处理

图3-86　移除噪点画面效果

本章小结

本章主要介绍了After Effects常用的标准特效滤镜及其运用技巧。

思考与练习

1. After Effects自带的特效滤镜有哪些？
2. 特效滤镜的运用原则是什么？
3. 影视校色的步骤和注意事项有哪些？

第4章 影视片头制作

◆本章知识点

影视片头的概念与作用，利用After Effects中的描边填充效果、三维合成、摄像机动画以及粒子与光效等综合效果完成影视片头制作的方法。

◆学习目标

了解影视片头的特点，熟悉影视片头制作的流程和步骤，熟练掌握After Effects制作影视片头的技巧，为合成与特效的制作奠定良好的基础。

影视片头是观众对一部影视作品的第一印象，片头的作用相当于一本书的封面，片头的好坏直接影响到观众对整个影片的观赏效果。无论是电影还是电视作品，影视片头的设计都是整个作品的重要组成部分，一个好的影视片头往往需要好的创意和精心的设计，包括对标识、颜色、画面运动、声音、文字等的精心设计和构思。下面通过一个“梦幻蝴蝶”片头的制作，来介绍一个完整的影视片头的制作过程。

4.1 准备阶段

4.1.1 准备素材

（1）打开After Effects，单击【文件】菜单下的【保存】命令，保存新建合成项目，命名为“准备素材”，单击【保存】按钮，如图4-1所示。

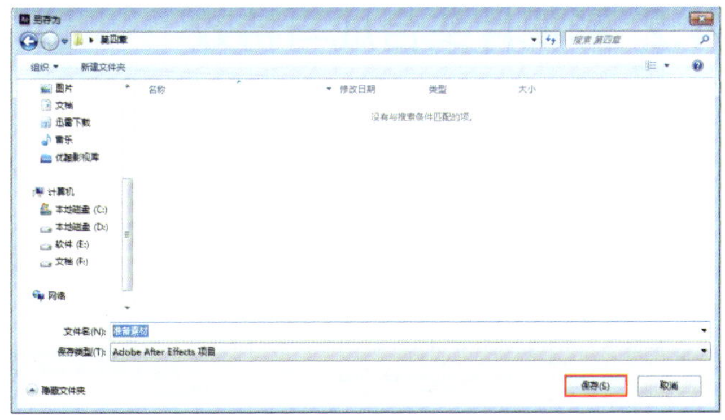

图4-1 保存项目

（2）单击【文件】菜单下【导入】/【文件】命令，打开素材导入对话框，选择文件夹内的“蝴蝶.jpg”文件，单击对话框右下方的【导入】按钮，如图4-2所示。

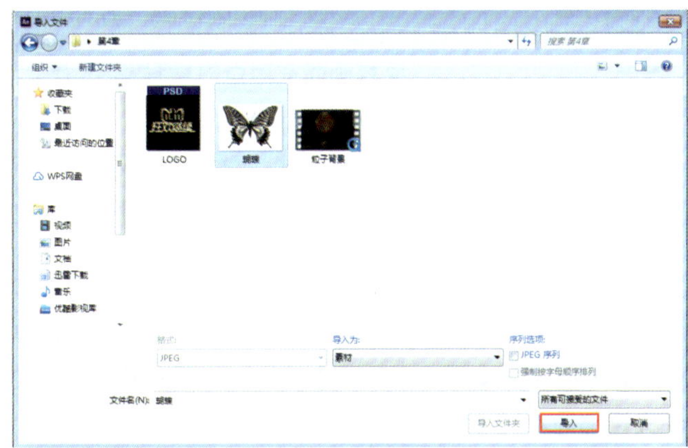

图4-2 导入图片

（3）由于最终成片画面尺寸输出要求为“1280×720”，因此要创建一个新的合成，将【合成名称】命名为“蝴蝶”，将“预设”选择为“HDV/HDTV 720 25”，“持续时间”设置为1帧，“背景颜色”修改为深绿色，单击【确定】按钮，如图4-3所示。

（4）将“蝴蝶.jpg”图片放入合成中，修改其“缩放”属性参数值为“44”，按住键盘上的“Ctrl+D”键两次，复制两层，依次将三个蝴蝶图层改名为“左翅”、“右翅”和“身体”，如图4-4所示。

（5）利用钢笔工具分别绘制出“左翅”、“右翅”和“身体”三个图层的遮罩，使白色背景排除在遮罩之外，如图4-5所示。

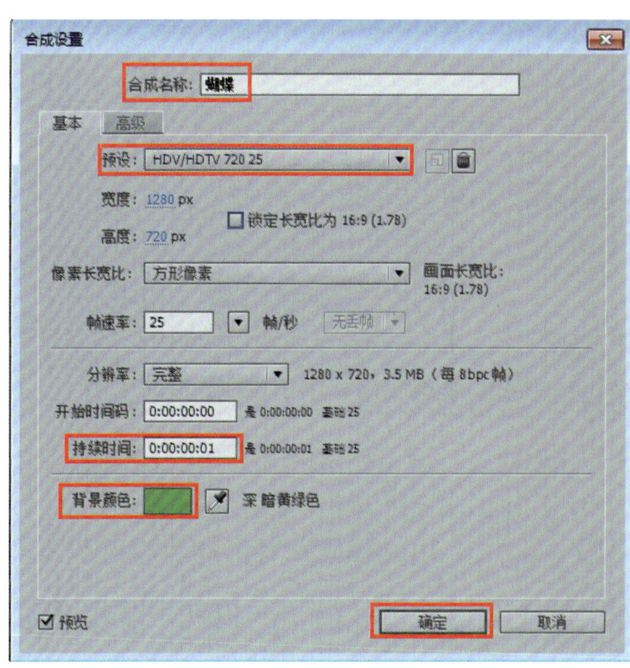

图4-3 创建合成

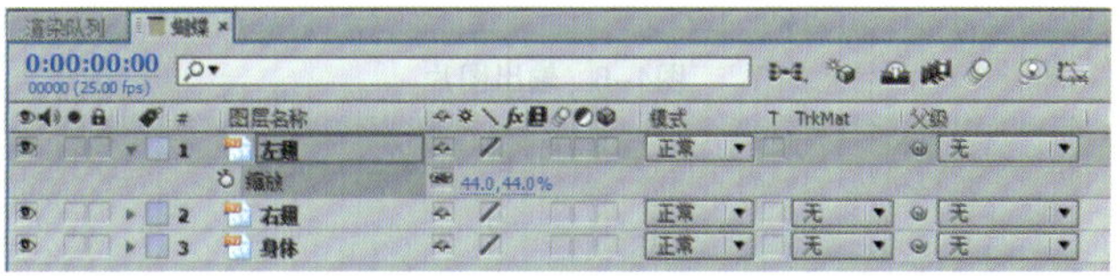

图4-4 修改图层名称

图4-5 绘制遮罩

（6）在时间线面板选中“蝴蝶”合成，按住键盘上的“Ctrl+M”键，在渲染面板中将“输出到”指定到【素材】/【图片视频】文件夹，打开“输出模块”设置，选择“格式”为“PNG”序列，“通道”为“RGB+Alpha”，单击【确定】，如图4-6所示。输出图片素材，找到输出后的PNG图片，修改其名称为“蝴蝶”，“蝴蝶.png”图片素材准备完毕。

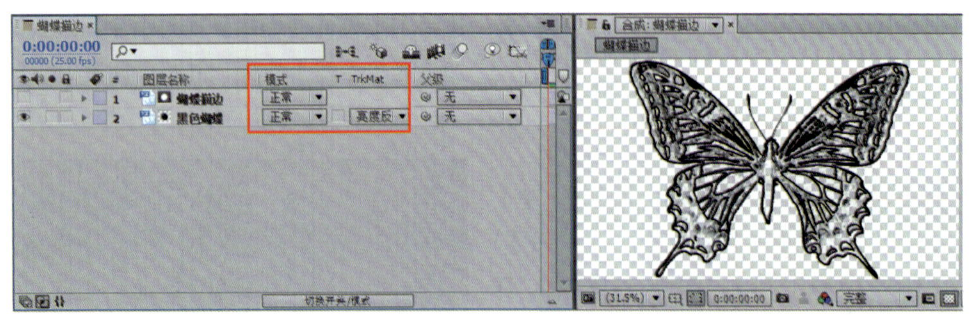

图4-14　修改轨道遮罩

（7）接着设置【勾画】效果的动画。将播放头移动到“蝴蝶描边”层第一帧，打开“旋转”属性的动画开关，添加一个关键帧，接着移动至最后一帧，将“旋转”属性参数值设定为“2圈”，自动记录一个关键帧；随后移动播放头至第1秒处，打开“长度”属性的动画开关，修改其参数值为“0”，添加一个关键帧，将播放头移至第5秒处，修改其参数值为“0.2”，自动记录一个关键帧；选中“蝴蝶描边”层，将播放头移至5秒15帧，单击键盘上的“T”键，展开“不透明度”属性，打开其动画开关，自动记录一个关键帧，接着移动播放头至第6秒处，修改其“不透明度”参数值为“0”，自动记录一个关键帧，如图4-16所示。

（8）单击时间线面板左下方的“切换开关/模式”，确保图层为“开关”状态，选中“蝴蝶描边”层，单击【3D图层】按钮，将其设置为3D层，接着按住键盘上的“Shift+P”键，展开其【位置】属性，在5秒15帧处打开动画开关，记录一个关键帧，移动播放头至第6秒处，修改Z轴方向位置参数值为“-300”，使蝴蝶描边动画在消失前有一种冲向镜头的效果，最后将“蝴蝶描边”层名称修改为“白色描边”，如图4-17所示。

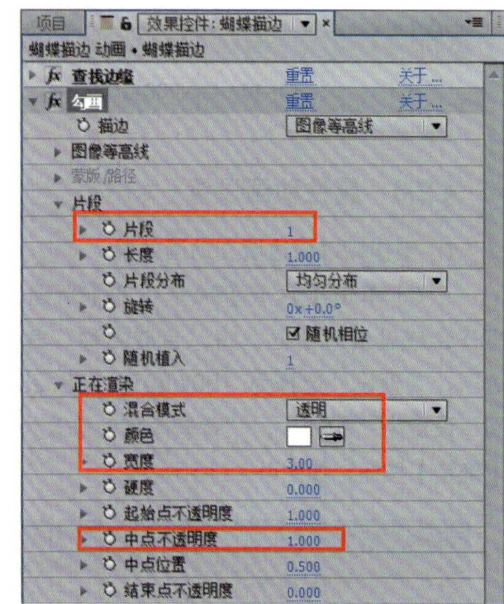

图4-15　勾画效果参数

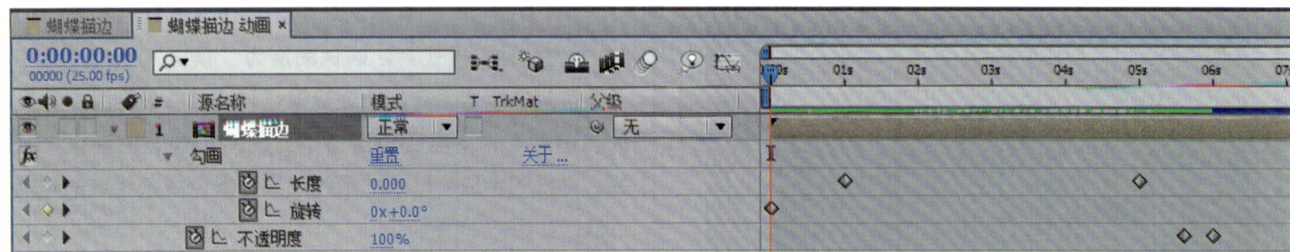

图4-16　勾画效果参数

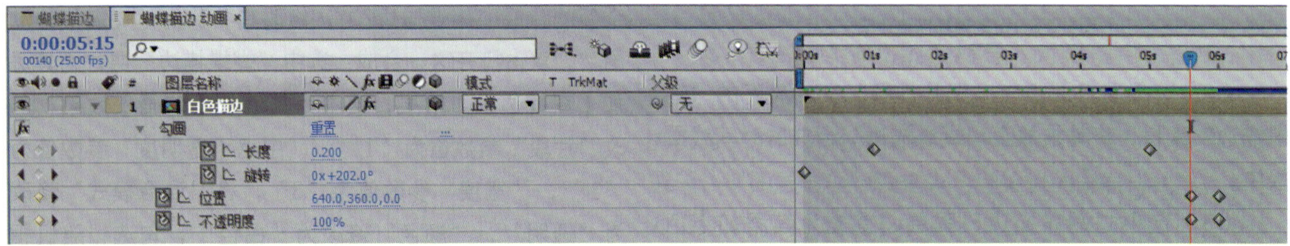

图4-17　位置属性动画

（9）选中“白色描边”层，按住键盘上的“Ctrl+D”键，复制一层，将“白色描边2”层放至最下层，修改其名称为“橙色描边”，将其【勾画】效果中“颜色”修改为“橙色”，不勾选“随机相位”。如图4-18所示。

（10）选中“橙色描边”层，按住键盘上的“Ctrl+D”键，复制一层，将“橙色描边2”层放至最下层，修改其名称为“黄色描边”，将其【勾画】效果中的“颜色”修改为“黄色”；选中该层，将其首帧对齐时间线面板的“0：00：00：15”处，关掉“位置”属性的关键帧动画，移动“不透明度”属性的后一关键帧至第8秒处。如图4-19所示。

（11）双击项目面板的“蝴蝶”合成，在时间线面板打开，按住键盘上的“Ctrl+K”键，在弹出的合成设置面板中将“持续时间”修改为“20秒”；显示全部工作区域，移动播放头至最后一帧，选中三个图层，按键盘“Alt+]”键，将图层全部延长为20秒，如图4-20所示。

（12）将三个图层设定为3D图层，展开“左翅”层旋转属性，选中“Y轴旋转”属性，在2秒处添加一个关键帧，在2秒5帧处，修改其参数为“-70”，在2秒10帧处，修改其参数为“70”，以此类推，每隔5帧设定一个关键帧直至最后一帧；展开“右翅”层旋转属性，选中“Y轴旋转”属性，在2秒处添加一个关键帧，在2秒5帧处，修改其参数为“70”，在2秒10帧处，修改其参数为“-70”，以此类推，每隔5帧设定一个关键帧直至最后一帧，如图4-21所示，完成蝴蝶挥动翅膀的动画效果。

（13）打开“蝴蝶描边动画”合成，将“蝴蝶”合成嵌套至该合成，放至“黄色描边层”下，首帧对齐“0：00：04：00”处，打开其“3D图层”和“原始属性”开关，为其添加【CC Plastic】效果，在第

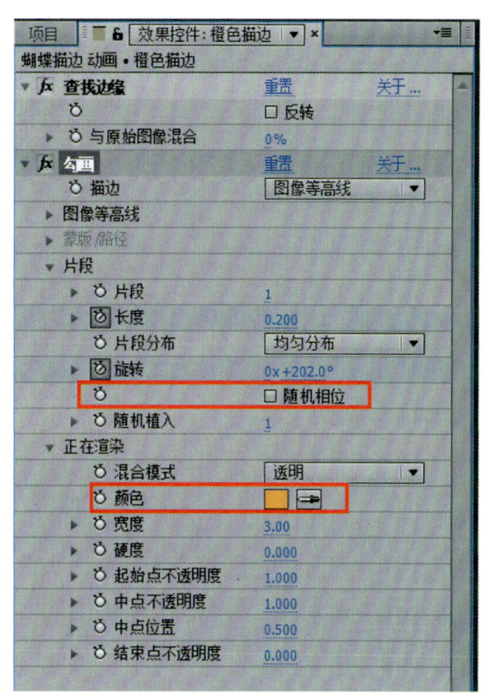

图4-18 勾画效果参数

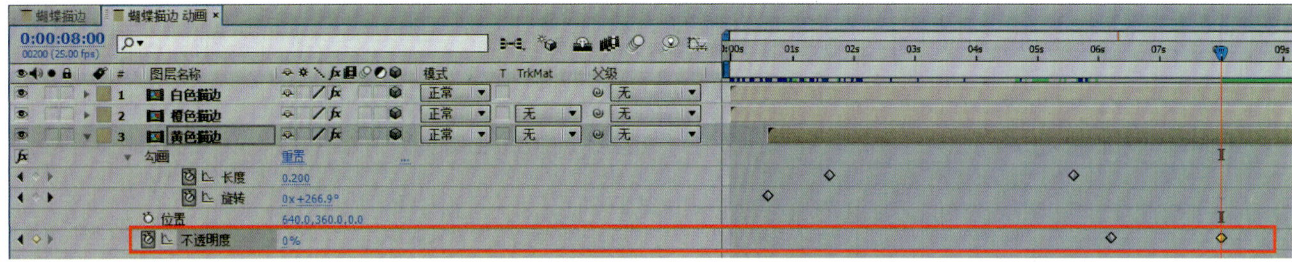

图4-19 黄色描边

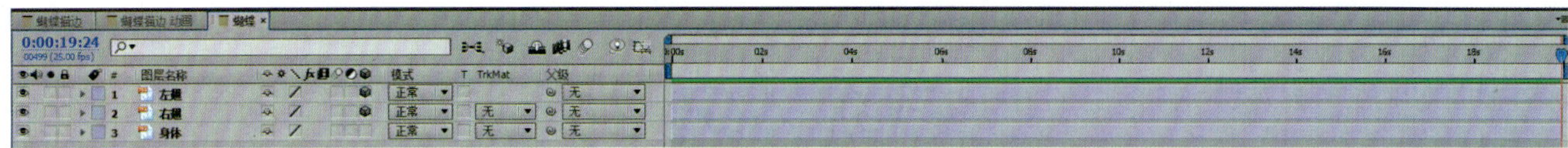

图4-20 修改持续时间

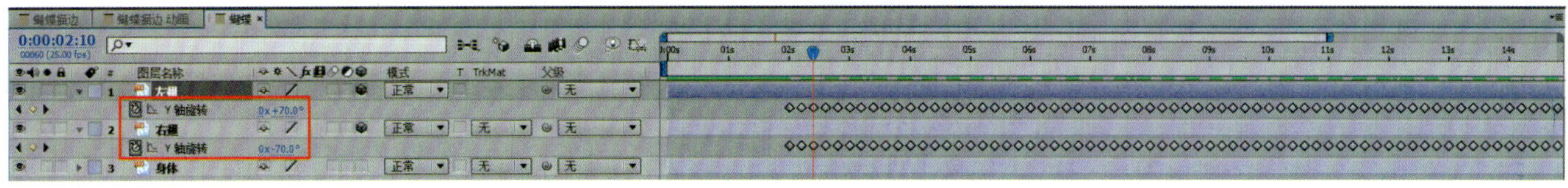

图4-21 复制关键帧

4秒处设置“Cut Min”参数值为“100”，设定一个关键帧，在第6秒处设置“Cut Min”参数值为“0”，如图4-22所示。

（14）将“图片视频”文件夹中的“蝴蝶描边.png”素材拖放至合成最底层，为其添加【色调】效果，“将白色映射到”修改为“黑色”，接着添加“快速模糊”，将“模糊度”参数值修改为“60”，如图4-23所示；展开其“不透明度”属性，在第4秒处修改参数值为“0”，添加一个关键帧，在第5秒15帧处修改参数值为“60”，在第7秒处修改参数值为“0”。

（15）选中“蝴蝶描边动画”合成中所有图层，打开其3D图层开关，将全部图层转换为3D图层，最终完成的蝴蝶填充动画效果如图4-24所示。

2. 制作标识描边填充动画效果

（1）新建一个合成，修改“合成名称”为“LOGO边框”，“预设”为“HDV/HDTV 720 25”，“持续时间”设置为“20秒”，“背景颜色”修改为“深绿色”，将“图片视频”文件夹中的“LOGO.png”素材拖放至合成中，将其“缩放”参数值修改为“55”，选中“LOGO”图层，按住键盘上的“Ctrl+Shift+C”键，在弹出的对话框中修改“新合成名称”为“LOGO”，勾选“将所有属性移动到新合成”，如图4-25所示。

（2）选中“LOGO”图层，先为其添加【色调】效果，使蝴蝶呈现为灰黑色，随后添加【查找边缘】效果，使蝴蝶呈现为白底黑边效果，最后为其添加【简单阻塞】效果，并将“阻塞遮罩”的数值修改为“10”，如图4-26所示。

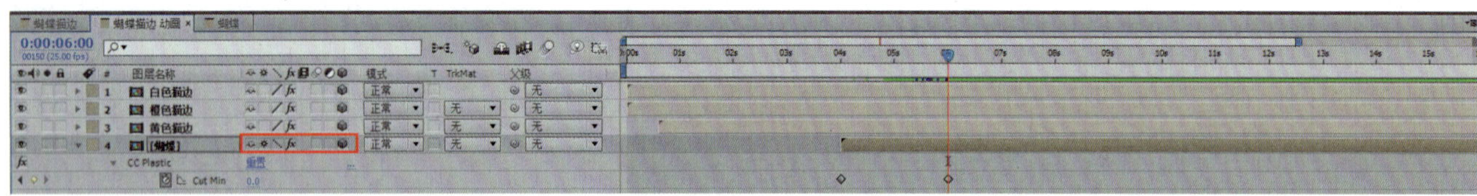

图4-22　设置Cut Min关键帧

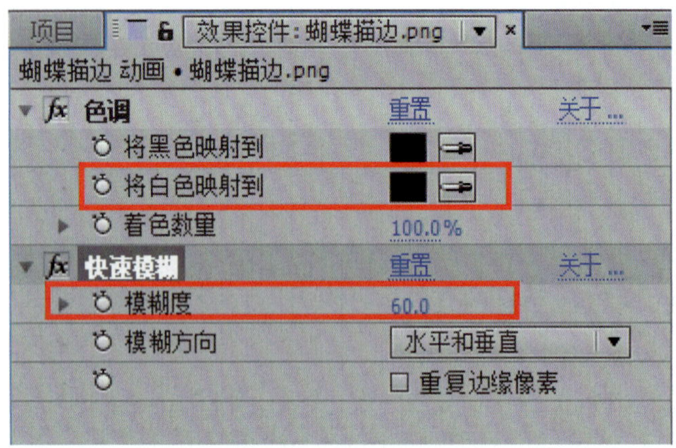

图4-23　色调与快速模糊效果

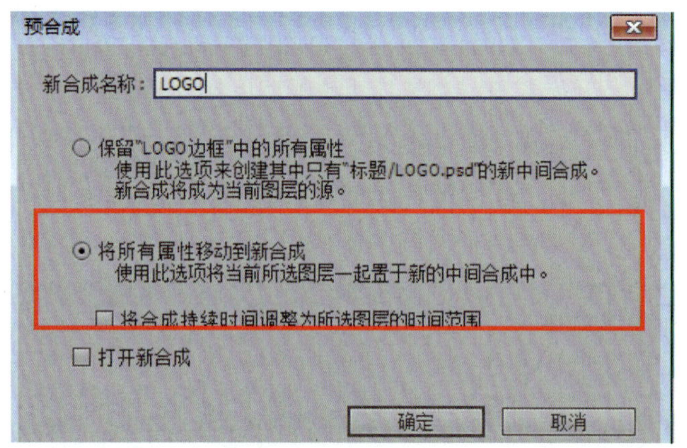

图4-25　新建预合成

图4-24　蝴蝶填充动画效果

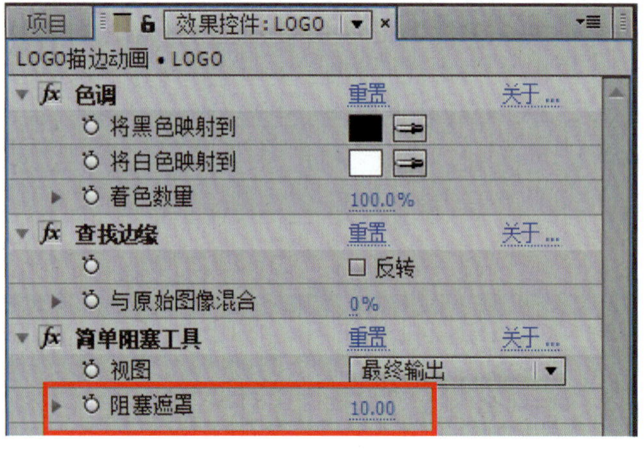

图4-26　添加效果

（3）选择“LOGO”图层，按住键盘上的“Ctrl+D”键，复制一层；为易于辨别，选中下层的“LOGO”层，修改其层名称为“黑色LOGO”，删掉其“查找边缘”和“简单阻塞”效果，将其“色调”效果中的“将白色映射到”修改为黑色，如图4-27所示。

（4）选中“黑色LOGO”层，将其轨道遮罩“TrkMat”设定为“亮度翻转遮罩”，完成黑色线条组成的LOGO边框效果，如图4-28所示。

（5）在项目面板中选中“LOGO边框”合成，将其拖放至项目面板左下方的“新建合成”按钮上，创建一个新的合成“LOGO边框2”，修改其名称为“LOGO描边动画”，双击打开这一合成；选中“LOGO边框”层，为其添加“查找边缘”效果，接着为其添加“勾画”效果，修改“片段”参数值为“1”，“中点不透明度”参数值为“1”，“宽度”参数值为“2”，将“混合模式”修改为“透明”，“颜色”修改为“白色”，勾选“随机相位”，如图4-29所示。

图4-27　修改色调效果

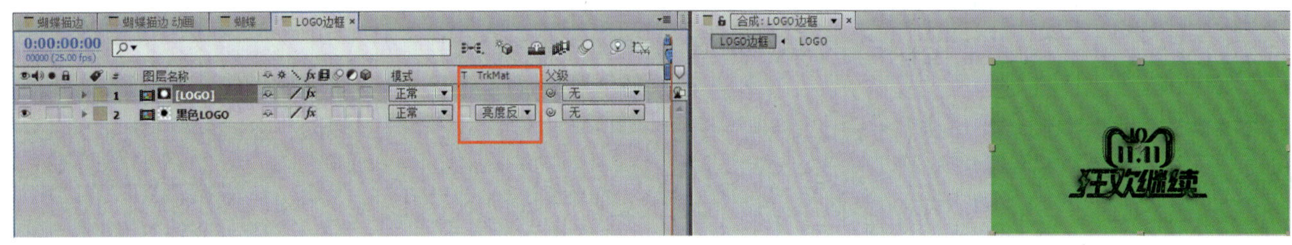

图4-28　修改轨道遮罩

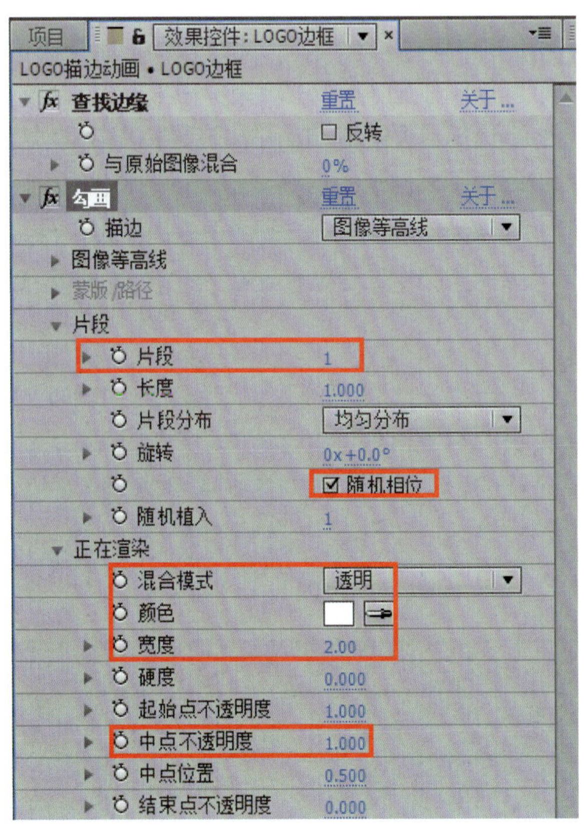

图4-29　修改勾画效果

（6）选中“LOGO边框”层，在第0帧处修改【勾画】效果“长度”参数值为“0”，添加一个关键帧，在第4秒修改参数值为“1”，如图4-30所示；展开其“不透明度”属性，在“0：00：04：10”处设定参数值为“100”，添加一个关键帧，在第6秒处，修改参数值为“0”，自动记录一个关键帧。

（7）将项目面板中“LOGO”合成嵌套至“LOGO描边动画”合成中，为其添加“CC Plastic”效果，在第2秒处设置“Cut Min”参数值为“25”，设定一个关键帧，在第6秒设置“Cut Min”参数值为“0”，如图4-31所示。

（8）选中“LOGO”层，按住“Ctrl+D”键复制一层，将复制的图层改名为“闪白”，删除“CC Plastic”效果，为其添加“色调”效果，更改“将黑色映射到”为“浅灰色”，展开其“不透明度”属性，在4秒处为其添加一个关键帧，在第3秒15帧处和第4秒10帧处，分别添加一个关键帧，设置参数值为“0”。如图4-32所示。

（9）选中“LOGO描边动画”合成中三个图层，打开其3D图层开关，将三个图层转换为3D层，最终完成的标识描边填充动画效果如图4-33所示。

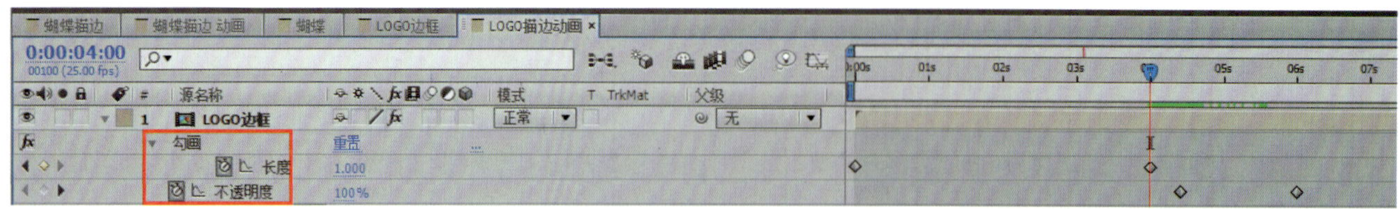

图4-30　设置关键帧

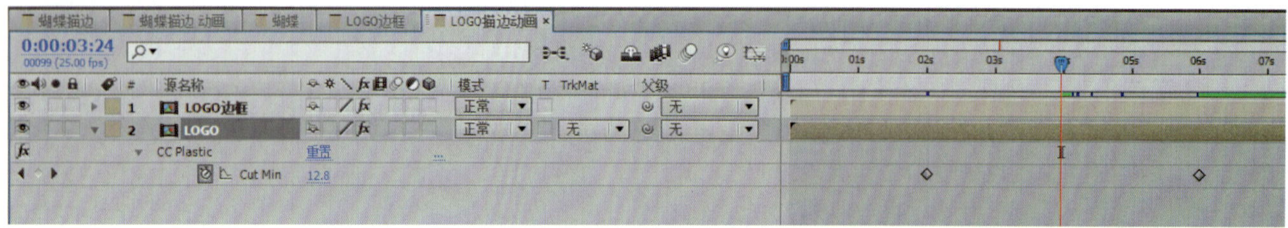

图4-31　添加关键帧

图4-32　设置闪白效果

图4-33　标识描边填充动画效果

3. 完成最终动画效果

（1）选中项目面板中“蝴蝶描边动画”合成，修改其合成名称为“最终效果”，双击打开；在时间线面板中将播放头移至第7秒，将“LOGO描边动画”合成嵌套至该合成最底层，首帧对齐第7秒处，打开其3D图层开关和原始属性开关，如图4-34所示。

（2）选中“蝴蝶”层，为其添加位置和旋转动画，按“P”键展开其位置属性，在第6秒处添加一个关键帧，参数值为“640，360，0”；在第6秒13帧修改参数值为“640，360，100”；在第7秒处修改参数值为“640，360，-130”；在第7秒15帧处修改参数值为“85，290，-130”；在第8秒5帧处修改参数值为“-50，430，145”；在第8秒23帧处修改参数值为

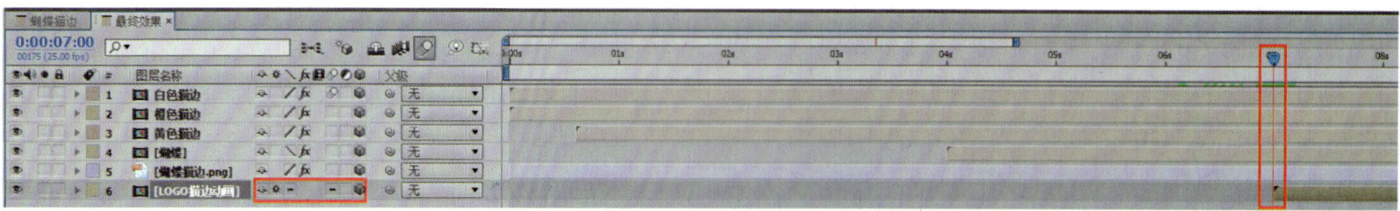

图4-34　打开属性开关

"1 145，135，145"；在第9秒10帧处修改参数值为"1 155，95，145"；在第11秒15帧处修改参数值为"2 115，-680，145"；接着按"R"键展开其位置属性，在第7秒处为Z轴旋转添加关键帧，在第7秒15帧处修改参数值为"-55"；在第8秒5帧处添加一个关键帧，在第8秒5帧处修改参数值为"45"，完成蝴蝶飞舞动画效果，如图4-35所示。

（3）选中"蝴蝶"层，按"Ctrl+D"键复制一层，修改其名称为"蝴蝶2"，将其首帧对齐至第10秒处，调整其位置到"LOGO描边动画"层上方，删除该图层的位置和Z轴旋转属性的所有关键帧，重新设定关键帧；展开位置属性，在第12秒处添加一个关键帧，参数值为"872，578，0"；在第12秒12帧处修改参数值为"930，535，-90"；在第13秒12帧处修改参数值为"260，575，-35"；在第14秒7帧处修改参数值为"185，565，-455"；在第15秒5帧处修改参数值为"-265，10，-530"；接着为Z轴旋转添加关键帧，在第12秒处添加一个关键帧，参数值为"0"；在第12秒12帧处修改参数值为"-11"；在第13秒12帧处修改参数值为"-37"；最后按"S"键展开其"缩放"属性，修改其参数值为"40"，如图4-36所示。

最终"蝴蝶2"飞舞动画效果如图4-37所示。

4.2.4 摄像机动画

（1）在时间线面板右键单击，在弹出的菜单中选择【新建】/【摄像机】命令，在弹出的摄像机设置对话框中，将"预设"修改为"28毫米"，将名称修改为"摄像机28"，如图4-38所示。将播放头移至第5秒处，选中"摄像机28"层，按住"Alt+]"键，修剪该摄像机层的时间长度为5秒。

（2）分别按住键盘上的"A"和"Shift+P"键，

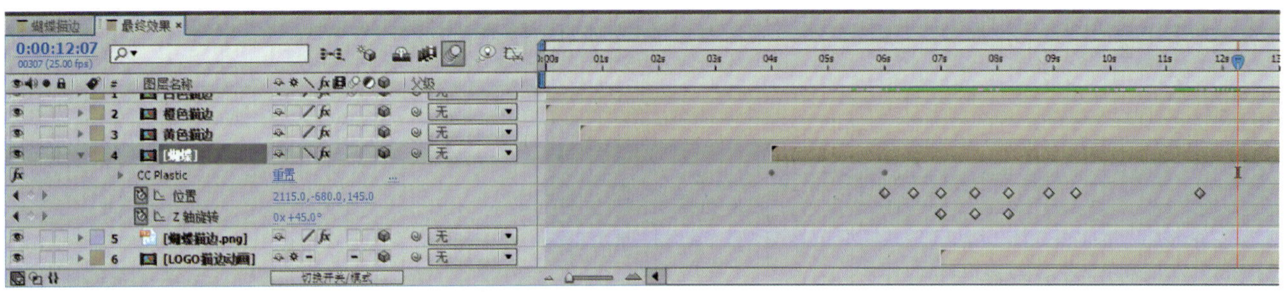

图4-35 设置关键帧

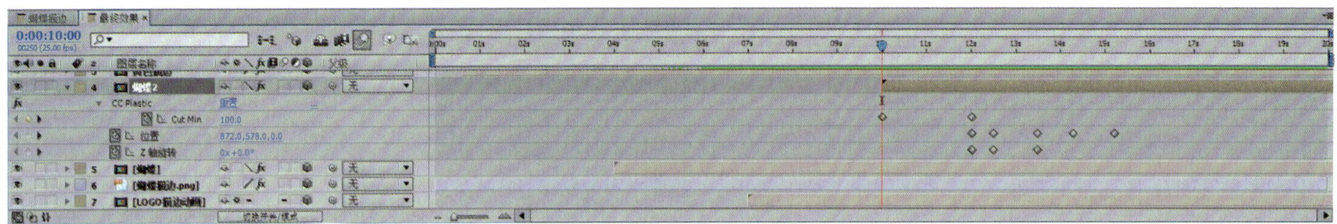

图4-36 设置关键帧

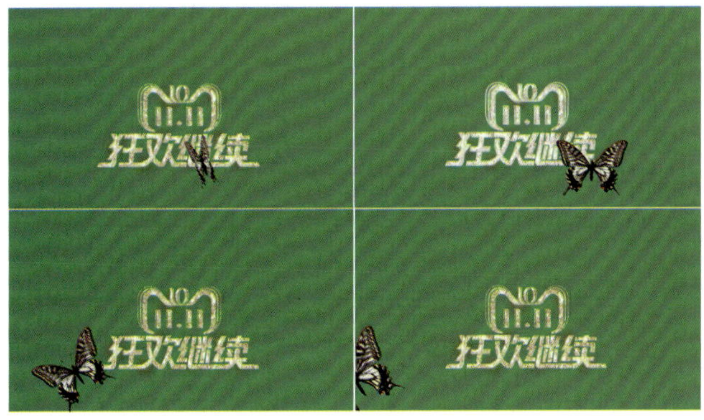

图4-37 "蝴蝶2"飞舞动画效果

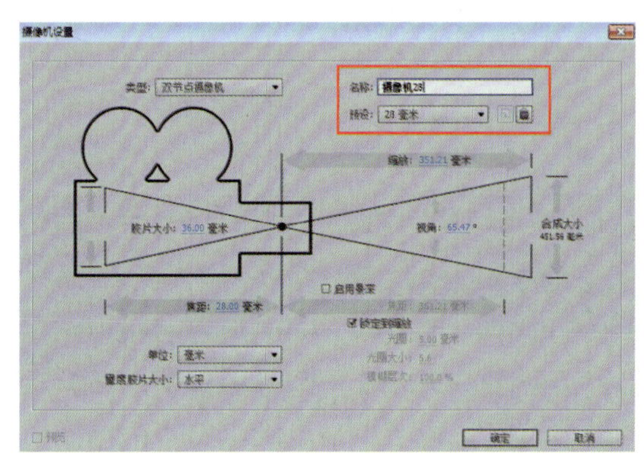

图4-38 设置摄像机

展开“摄像机28”层的“目标点”和“位置”属性，为其添加关键帧，修改“目标点”参数值为“640，395，40”，“位置”属性参数值为“760，1 010，-370”，将播放头移至第0帧，修改“目标点”属性参数值为“600，390，45”，“位置”属性参数值为“415，1 145，-300”，完成“摄像机28”的动画设置，如图4-39所示。

（3）继续新建一个摄像机，将“预设”修改为“50毫米”，将名称修改为“摄像机50”，将播放头移至第5秒，将摄像机首帧对齐至第5秒处，展开“目标点”和“位置”属性，为其添加关键帧，修改“目标点”参数值为“630，415，-40”，“位置”属性参数值为“2 630，1 870，-1 905”，将播放头移至第10秒3帧处，修改“目标点”参数值为“605，595，40”，“位置”属性参数值为“585，2 705，-2 225”，将播放头移至第14秒处，修改“目标点”参数值为“640，555，0”，“位置”属性参数值为“640，555，-3 600”，完成“摄像机50”的动画设置，如图4-40所示。

4.2.5 粒子效果

（1）制作一个褐色背景，在时间线面板右键单击，在弹出的菜单中选择【新建】/【纯色】命令，在弹出的【摄像机设置】对话框中，将名称修改为“背景”，单击“确定”，将背景图层放置在最底层。

（2）选中“背景”层，为其添加【梯度渐变】效果，修改“起始颜色”为“棕褐色”，“结束颜色”为“黑色”，将“渐变形状”选择为“径向渐变”；修改“渐变起点”参数值为“640，370”，“渐变终点”参数值为“1 200，1 110”，“渐变散射”参数值为“30”，如图4-41所示。

（3）制作背景动态粒子效果。继续新建一个纯色层，修改名称为“粒子”，将该图层放置在背景层之上，为其添加“CC Particle World”效果，修改“Birth Rate”参数值为“0.3”，“Longevity”参数值为“2”，如图4-42所示。

（4）继续修改粒子效果参数，展开“Producer”属性，将“Position Y”和“Position Z”参数值修改为“-0.1”，将“Radius X”“Radius Y”和“Radius Z”参数值分别设置为“0.8”、“1”和“1”，如图4-43所示。

（5）展开【Physics】属性，修改参数值如图4-44所示。

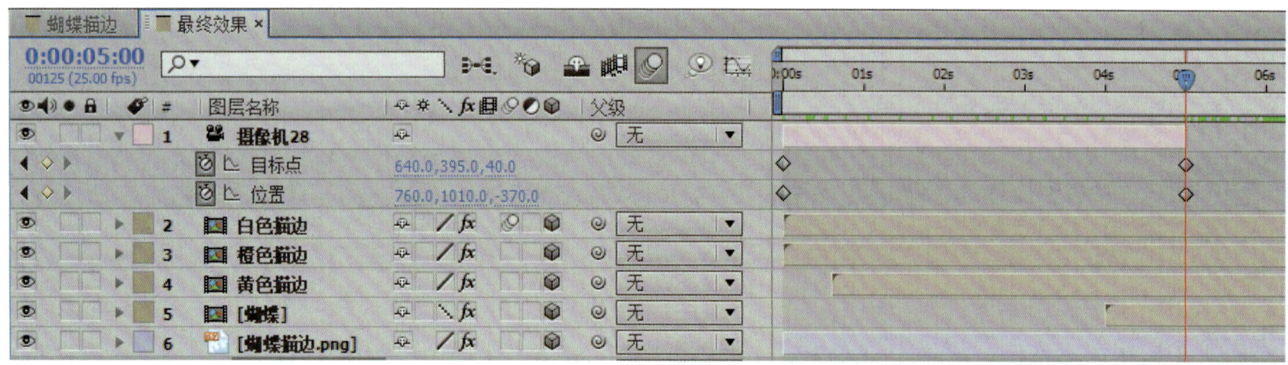

图4-39 设置摄像机动画

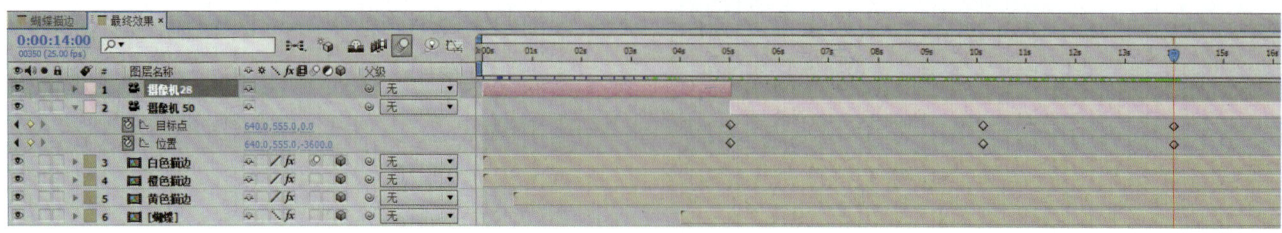

图4-40 设置摄像机动画

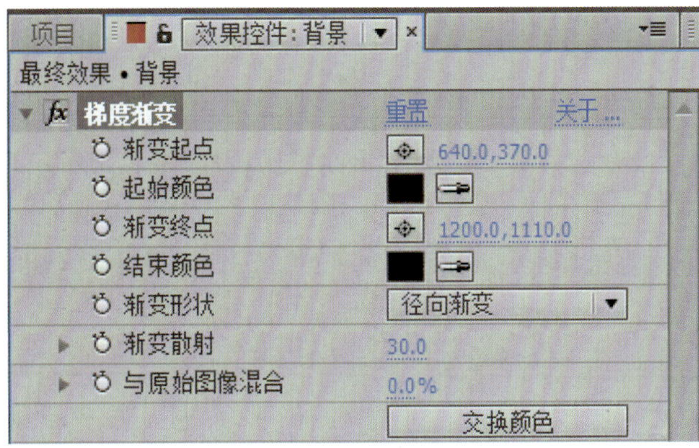

图4-41 梯形渐变效果

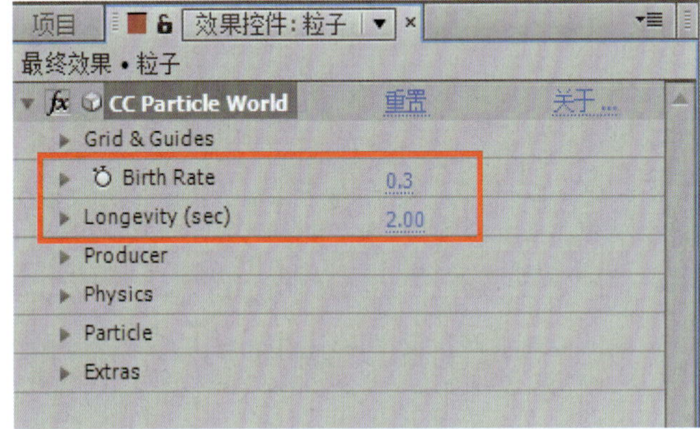

图4-42 粒子效果

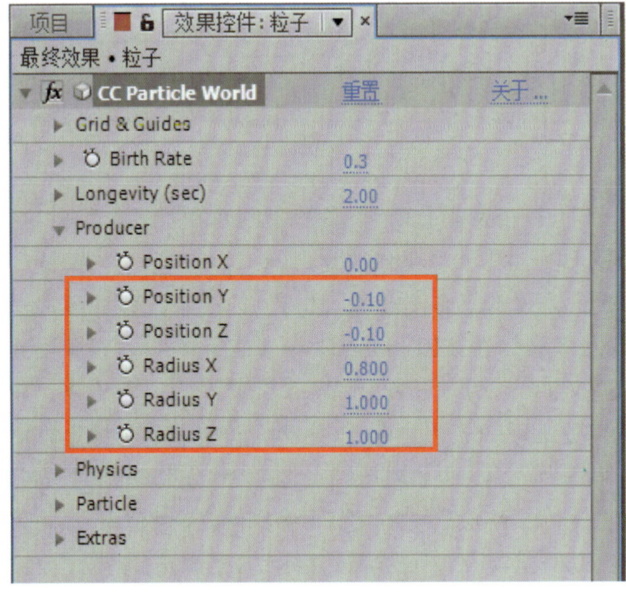

图4-43 Producer参数值

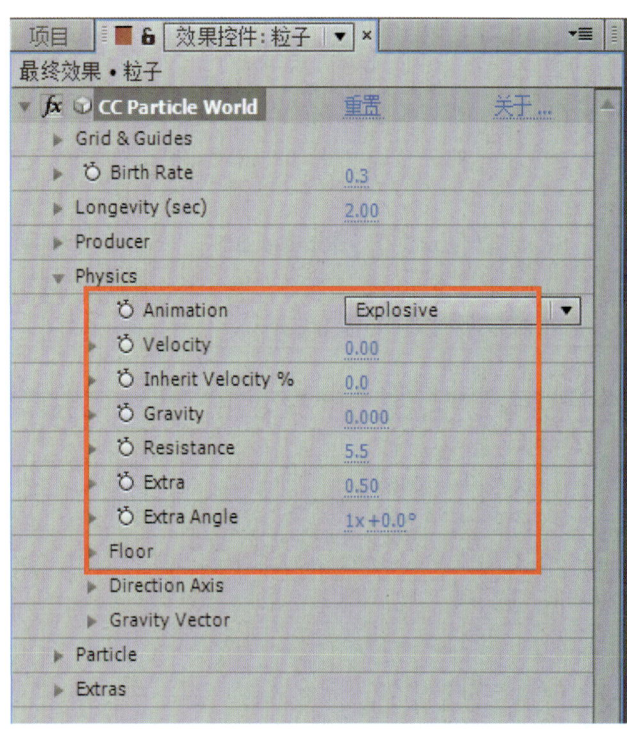

图4-44 Physics参数值

（6）展开【Particle】属性，选择“Particle Type”为“Darken & Faded Sphere”，修改“Death Color”RGB值为“200，70，60”，其他参数值设置如图4-45所示。

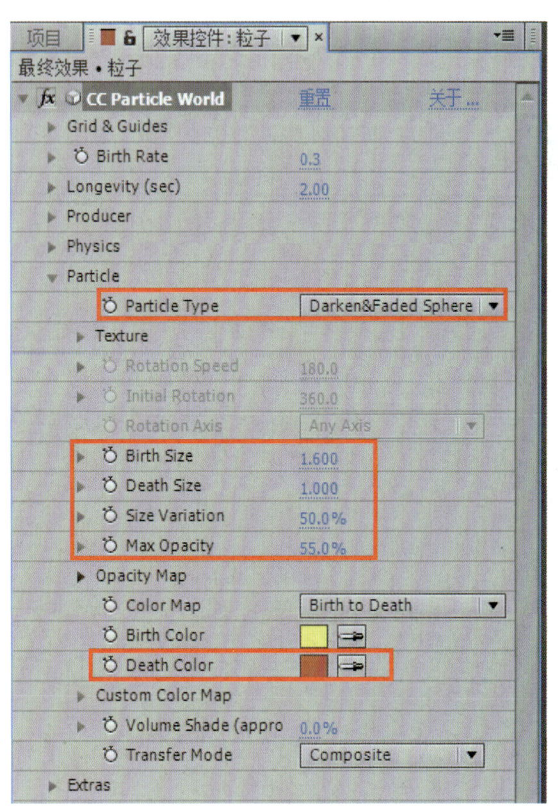

图4-45 Particle参数值

（7）设置“Birth Rate”属性的关键帧动画，在第14秒处为其添加一个关键帧，在第16秒处修改参数值为“0”，完成背景动态粒子效果制作。

（8）制作蝴蝶跟随粒子效果。继续新建一个纯色层，修改名称为“小粒子”，将该图层放置在“蝴蝶”层之下，首帧对齐第6秒处，为其添加“CC Particle World”效果，修改“Birth Rate”参数值为“0.6”，“Longevity”参数值为“2”。

（9）继续修改粒子效果参数，展开“Producer”属性，修改参数值如图4-46所示。

（10）展开【Physics】属性，修改参数值如图4-47所示。

（11）展开【Particle】属性，选择“Particle Type”为“Star”，其他参数值设置如图4-48所示。

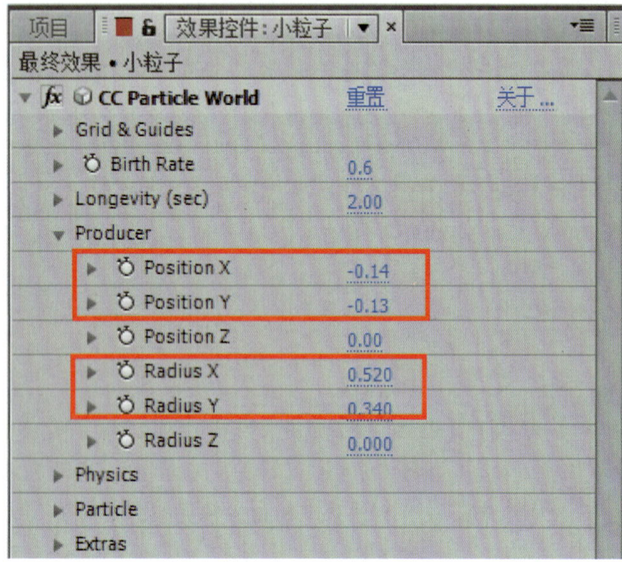

图4-46　Producer参数值

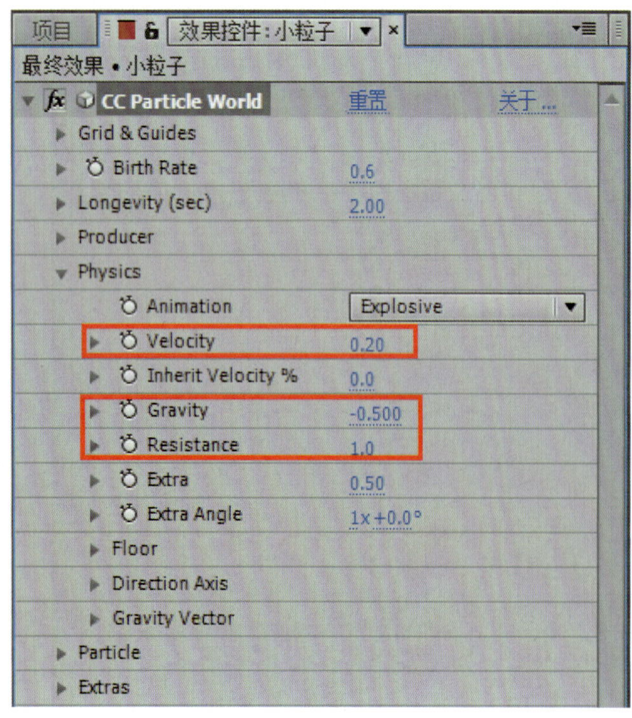

图4-47　Physics参数值

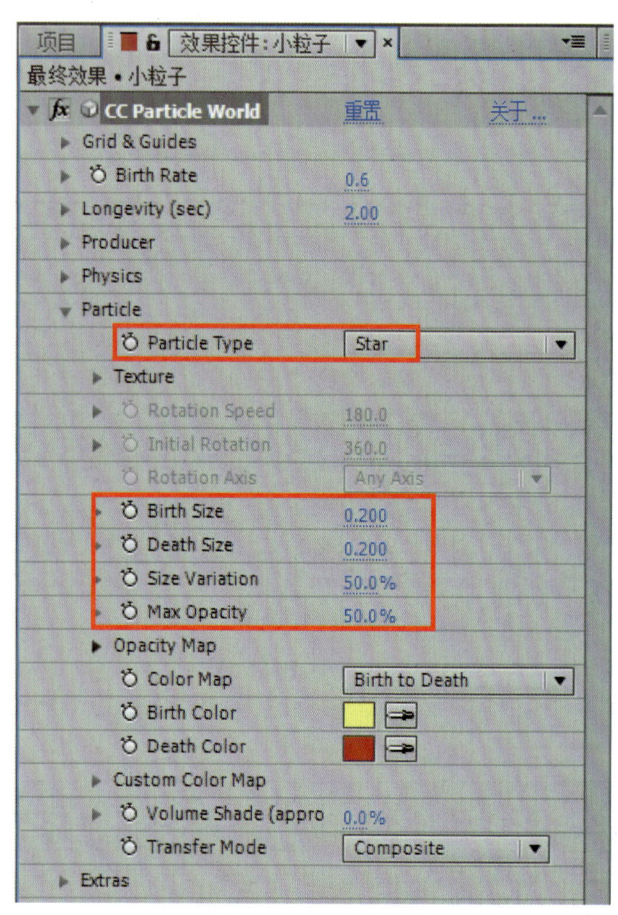

图4-48　Particle参数值

（12）设置【Birth Rate】属性的关键帧动画，在第6秒处将其参数值修改为“0”，添加一个关键帧，在第7秒处修改参数值为“0.6”，在第10秒处添加一个关键帧，在第11秒处修改参数值为“0”；接着设置【Position X】和【Position Y】属性的关键帧动画，在第7秒处为其分别添加一个关键帧，在第8秒处分别修改参数值为“-0.5”和“0.1”，在第9秒分别修改参数值为“0.5”和“-0.3”，在第10秒分别修改参数值为“1”和“-0.6”，如图4-49所示。最终完成的蝴蝶跟随粒子效果如图4-50所示。

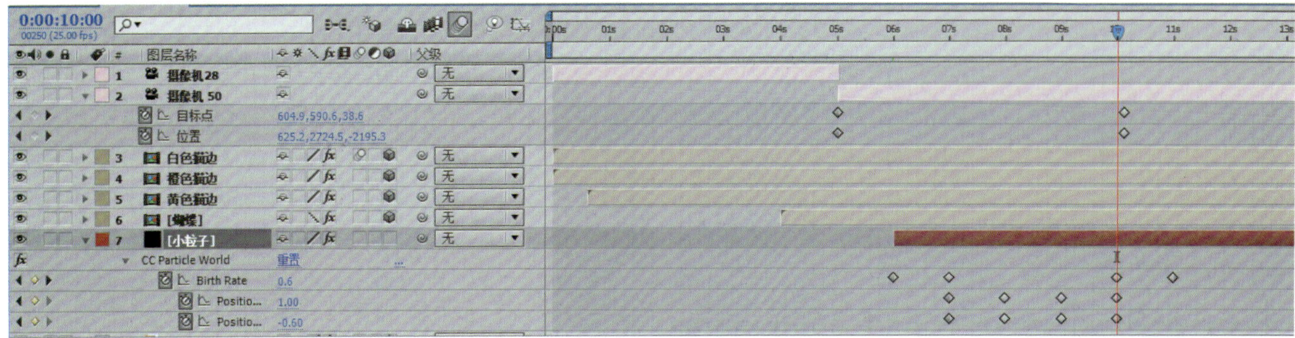

图4-49 Birth Rate动画设置

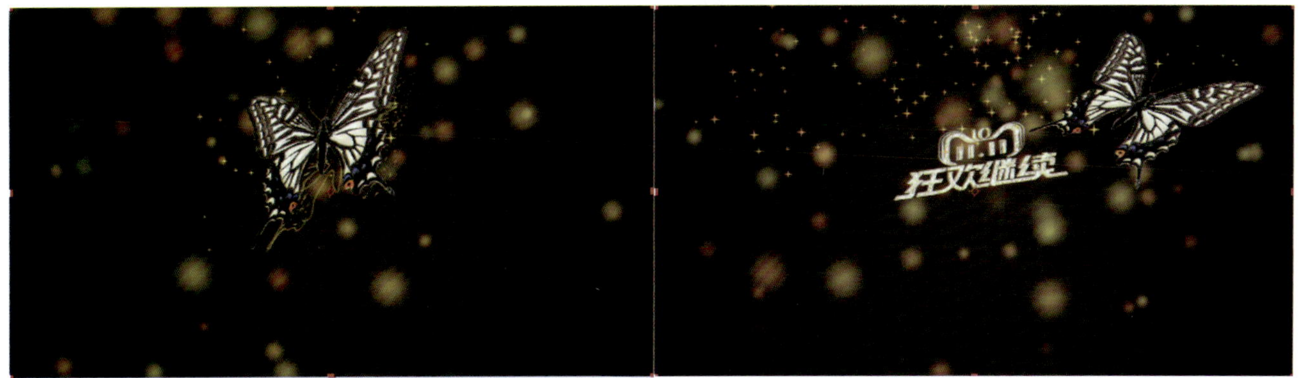

图4-50 蝴蝶跟随粒子效果

4.2.6 光效

（1）在添加光效之前，先制作文字出现效果。将项目面板【图片视频】文件夹内的“名称.png”素材拖放至“最终效果”合成中，放在“粒子”层上方，首帧对齐第10秒处；将其修改为3D图层，接着添加“线性擦除”效果，修改“擦除角度”参数值为“-90”，“羽化”参数值为“100”；设置“过渡完成”属性的关键帧动画，在第10秒处修改参数值为“100”，添加一个关键帧，在第12秒处修改参数值为“0”，自动记录一个关键帧，如图4-51所示。

（2）制作镜头光晕效果。选中“背景”层，为其添加“镜头光晕”效果，在第5秒处修改“光晕中心”参数值为“1 290，-175”，添加一个关键帧，在第12秒处修改参数值为“-265，-210”，自动记录一个关键帧；在第5秒处修改“光晕亮度”参数值为“0”，添加一个关键帧，在第5秒1帧处修改参数值为“100”，自动记录一个关键帧，在第10秒处添加一个关键帧，在第12秒处修改参数值为“0”，自动记录一个关键帧，如图4-52所示。

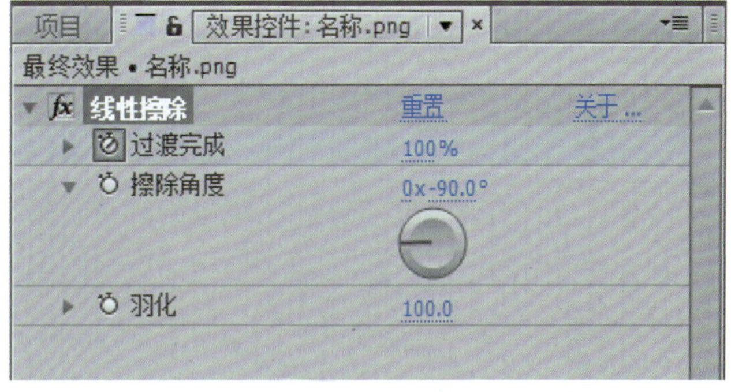

图4-51 线性擦除效果

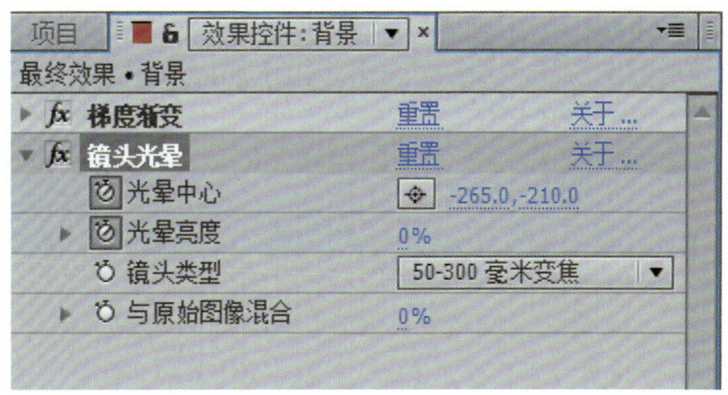

图4-52 镜头光晕效果

（3）制作发光效果。新建一个“调整图层”，修改其名称为“发光”，将其放在所有图层上方，为其添加“发光”效果，修改“发光阈值”参数值为“70%”，“发光半径”参数值为“180”，如图4-53所示，最终完成光效制作。

至此，“梦幻蝴蝶”片头画面部分制作基本完成，效果如图4-54所示。

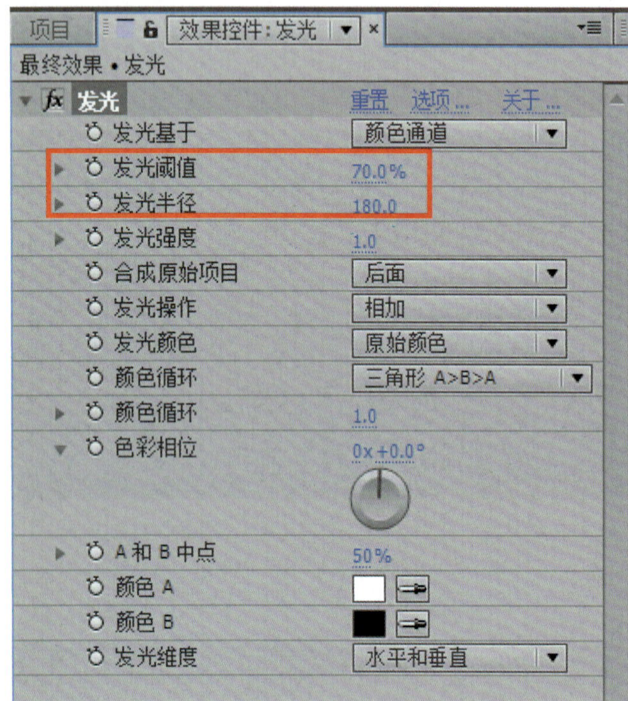

图4-53　发光效果

图4-54　片头动画完成效果

4.2.7　音乐匹配合成

（1）单击【文件】菜单下【导入】/【文件】命令，打开素材导入对话框，选择“片头音乐.wav”文件，单击对话框右下方【导入】按钮，如图4-55所示。

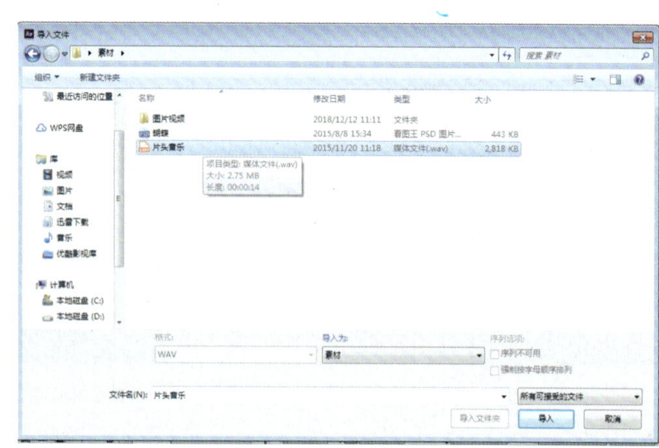

图4-55　导入音乐

（2）将“片头音乐.wav”素材拖放至“最终效果”合成中放在最底层，音乐总时长为15秒，将首帧对齐时间线面板第15帧处，如图4-56所示，让音乐响起的时间与蝴蝶描边动画出现的时间基本同步，完成音乐匹配合成。

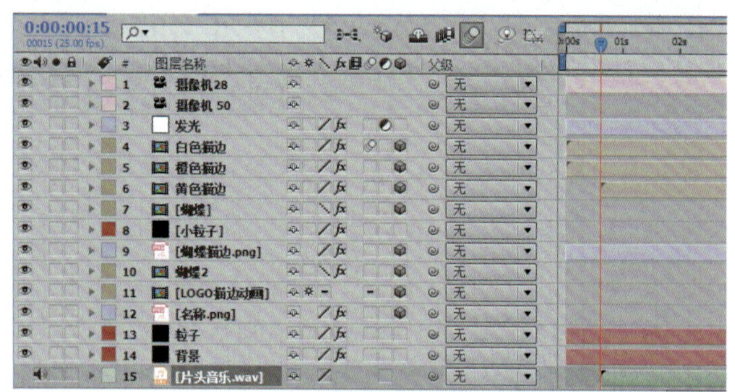

图4-56　音乐匹配合成

4.2.8　最终成片渲染与输出

（1）在成片渲染输出前对最终完成效果进行预览检查，蝴蝶挥动翅膀动画缺乏真实感，主要原因是快速挥动的翅膀缺乏运动模糊，双击“蝴蝶”合成，在时间线面板中将其打开，选中全部的三个图层，打开“运动模糊”开关，随后将时间线面板中“启用运动模糊”开关打开，如图4-57所示。

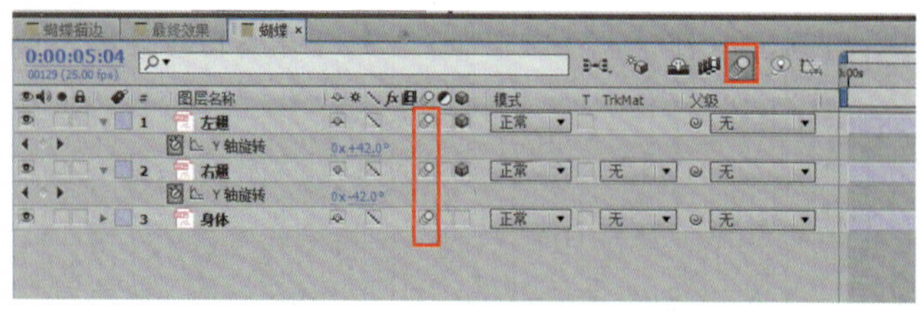

图4-57　添加运动模糊

打开运动模糊效果前后对比如图4-58所示。

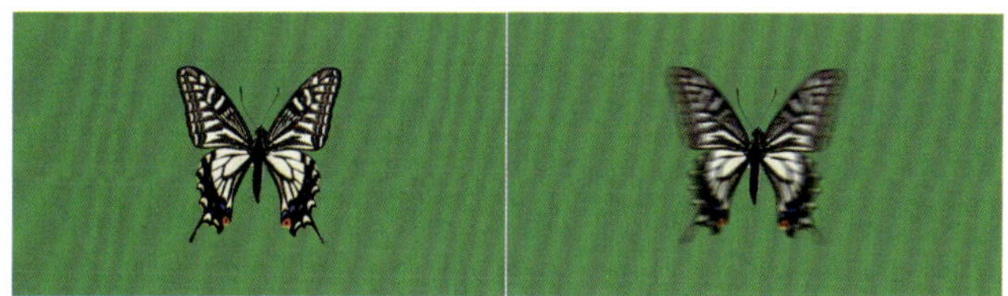

图4-58 打开运动模糊效果前后对比

（2）对“最终效果”合成进行修剪。从预览结果来看，音乐结束后可让定版镜头停留2秒左右，因此只需要输出一个17秒的片头动画。将播放头移至首帧，按“B”键让工作区开始对齐播放头，接着将播放头移至17秒处，按“N”键让工作区结尾对齐播放头，单击【合成】菜单下【将合成裁剪到工作区】命令，如图4-59所示。

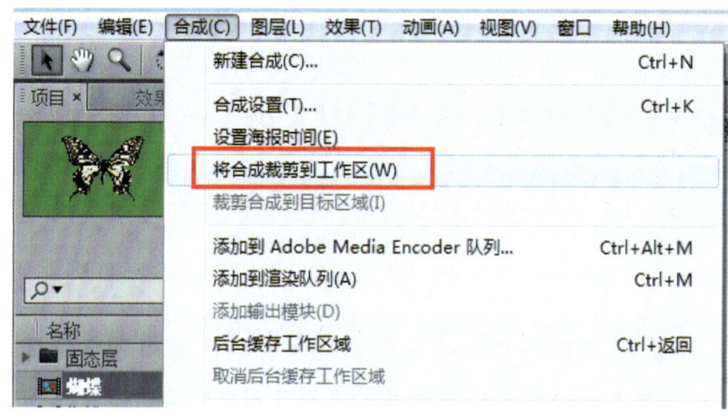

图4-59 裁剪工作区

（3）修改输出路径。按住键盘上的“Ctrl+M”键打开渲染队列面板，单击“输出到”右边的蓝色文字，修改输出文件到指定的保存路径，如图4-60所示。

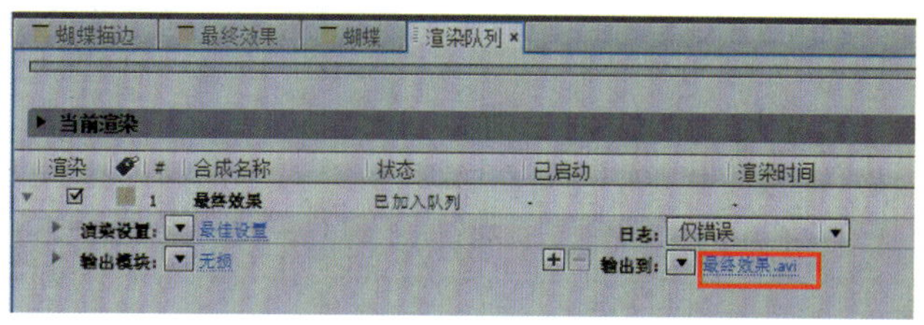

图4-60 修改保存路径

（4）修改输出文件格式。输出视频格式与计算机系统具备的视频编码有关，建议输出为H264编码的“MP4”格式文件。单击“输出模块”右边的蓝色文字，弹出【输出模块设置】对话框，修改“格式”为“H.264”，修改“格式选项”为“HDV/HDTV 720 25”，单击“确定”，回到渲染队列面板，单击右上方的“渲染”按钮，输出最终成片，最终完成“梦幻蝴蝶”片头制作，效果如图4-61所示。

图4-61 输出成片效果

本章小结

本章主要介绍了影视片头制作的流程、步骤和技巧。

影视片头输出成片效果

思考与练习

1. 导入psd格式文件有哪几种图层选项？如何进行选择？
2. 如何设定轨道遮罩“TrkMat”？
3. 摄像机位置动画要对哪两个属性进行设定？
4. 如何设定运动模糊效果？

第5章 影视特效合成案例设计与制作

◆本章知识点

影视特效合成案例的设计与制作，利用影视素材进行超时空的艺术嫁接，最终合成暴风席卷海面的电影视觉效果。

◆学习目标

了解影视特效合成的概念，熟悉影视特效合成的制作流程和步骤，熟练掌握After Effects制作影视合成特效的技巧，为制作绚丽的影视视觉效果奠定良好的基础。

5.1 影视特效合成概述

影视特效，是在影视作品拍摄制作中，现实生活中不存在的、由计算机或人工通过后期合成手段制造出来的视觉画面，也被称为特技效果。

早期的影视特技大多是通过模型制作、特技摄影、化妆、光学合成、微缩拍摄等传统手法来实现的。计算机技术的使用为数字特效提供了更多的实现手段，也使过去许多必须采用模型和摄影手段才能实现的特技可以通过计算机的模拟来完成。这样既可以避免让演员处于危险的境地、减少电影的制作成本，又使制作的特效更加真实，影视画面更加绚目、华丽，更能吸引观众的眼球，使影视作品更趋完美。

特效镜头无法直接拍摄一般有两种原因：一是被拍摄的对象或环境在现实中根本不存在，或者存在但不可能拍摄到；二是拍摄对象和环境虽然在实际生活中存在，但是无法出现在同一画面中。解决第一种情况常用的手段是制作模型、通过人物化妆来模仿其他生物，以及使用Maya、Max等三维软件制作CG动画角色，实现“无中生有”。图5-1所示即是利用蓝（绿）屏拍摄和CG动画合成的画面。

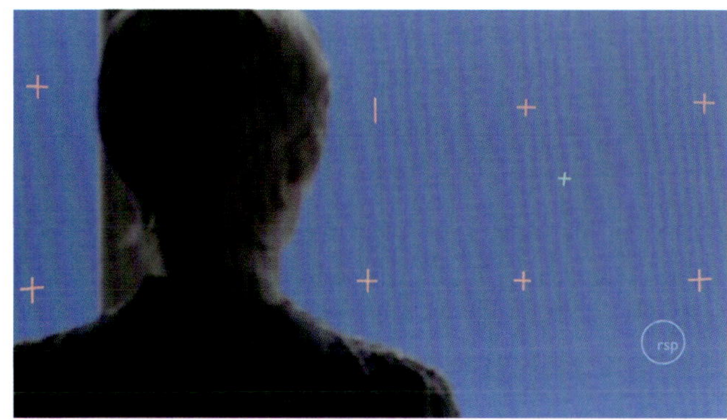

图5-1 蓝（绿）屏拍摄与CG动画的合成效果

对于第二种情况，解决的办法就是合成技术。既然拍摄的物体和环境都是真实存在的，那就可以单独对它们进行拍摄，然后利用合成技术来让观众以为这是真实拍摄的结果，这种技术可以创作出电视荧屏上的奇观，让人们感觉真实可信，又有强大的视觉冲击力，给观众以极大的震撼和愉悦。图5-2所示是利用多幅单独拍摄的素材合成的画面。

图5-2 拍摄素材合成效果

5.2 影视特效合成案例设计与制作

本案例要根据电影剧情设计制作一段暴风席卷海面的宏大场景，如图5-3所示。由于受到拍摄时间、地点、时机以及安全等因素的影响，只能通过后期特效合成的方式来实现。本案例需要综合运用到图层、mask遮罩、校色、光效、声效等特效合成技术。

图5-3　影视特效合成案例效果

合成的最终目的是使画面看起来真实可信、富有视觉冲击力，因此在特效合成过程中，始终要以真实感为出发点，并注意以下几个方面：

（1）素材对位。

（2）光照效果。

（3）大色调大环境处理。

（4）音效匹配。

5.2.1　创建合成项目

打开After Effects软件，单击【文件】菜单下【新建】/【新建项目】命令，新建一空白工程项目。单击【文件】菜单下【另存为】/【保存】命令，保存该工程项目，命名为“电影特效合成案例制作.aep”，如图5-4和图5-5所示。

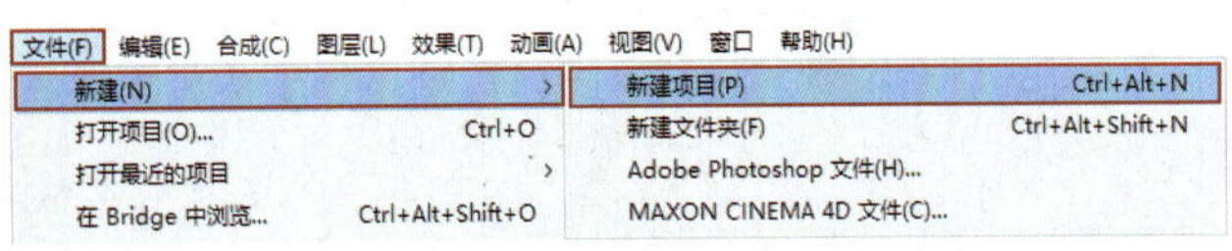

图5-4　新建项目

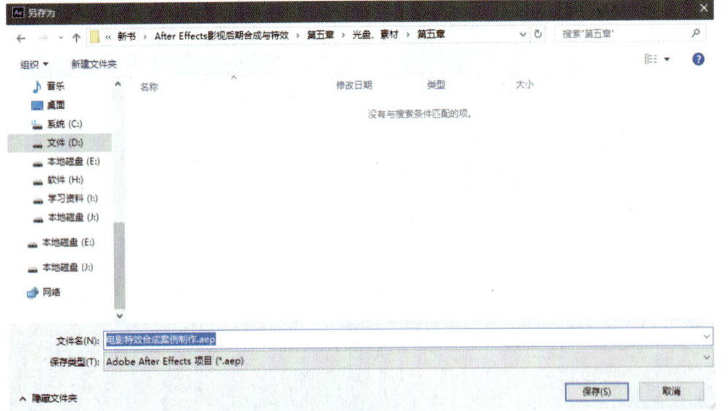

图5-5　另存新建项目

5.2.2　导入合成素材

（1）在进行合成操作之前需要把相关素材导入到After Effects中。单击【文件】菜单下【导入】/【文件】命令，打开【素材导入】对话框，如图5-6所示，将“电影特效合成案例素材”文件夹内的所有视频、音频和图像文件全部导入After Effects的项目面板。

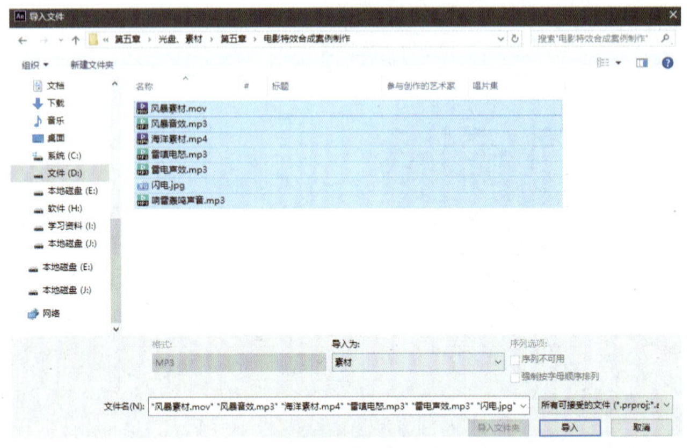

图5-6　导入素材文件

（2）整理素材。在项目面板中单击右键，选择【新建文件夹】命令，分别创建“视频素材”文件夹、“音效素材”文件夹。将项目栏中的素材分别放置到相应的文件夹中，方便后期的操作，如图5-7所示。

图5-7　整理素材文件

5.2.3 素材图层与蒙版操作

（1）要进行不同素材之间的合成处理，首先要创建新的合成。在项目栏中选择“海洋素材.mp4”视频文件，将其拖放至图层面板中松开鼠标左键，依据该素材创建一个新的合成，如图5-8所示。

（2）将“海洋素材.mp4”图层重命名为“海洋”。

（3）在项目栏中选择“风暴素材.mp4”视频文件，将其拖放至图层面板中，并把它放置在“海洋”图层的上方，重命名该图层为“风暴”。使风暴素材画面叠加在海洋素材画面之上。

（4）不同素材之间的融合通常是通过蒙版遮罩来实现的。确保“风暴”图层为选择状态，单击快捷工具栏中的【矩形工具】按钮，使用矩形工具在合成预览窗口绘制出一黑色矩形，形成矩形蒙版遮罩，如图5-9所示。

图5-8　创建合成

图5-9　为“风暴”图层创建遮罩

可以看到“风暴”图层的上部被隐藏了，下面通过修改蒙版遮罩的相关属性得到需要的“风暴”画面。

（5）展开“风暴”图层中的【蒙版1】属性设置，勾选“反转”选项，设置“蒙版羽化”值为“120像素”。效果如图5-10所示。

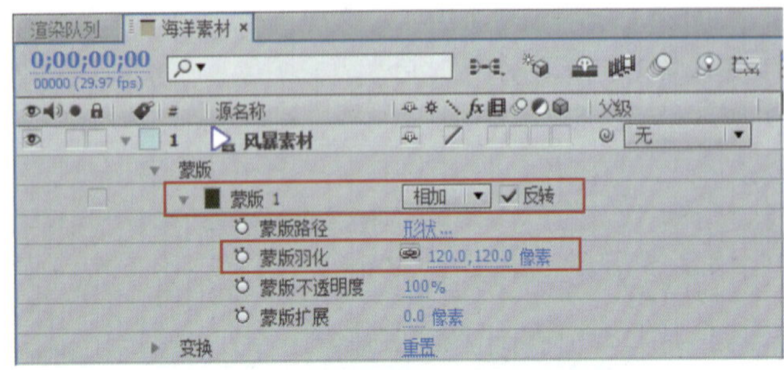

图5-10　反转、蒙版羽化效果

（6）展开“风暴”图层中的【变换】属性设置，在“缩放”属性中单击按钮，取消约束比例，设置“缩放”值为“67，67%”。接着运用快捷工具栏中的【选择工具】按钮，选择并移动“风暴”图层画面到海平面位置，效果如图5-11所示。

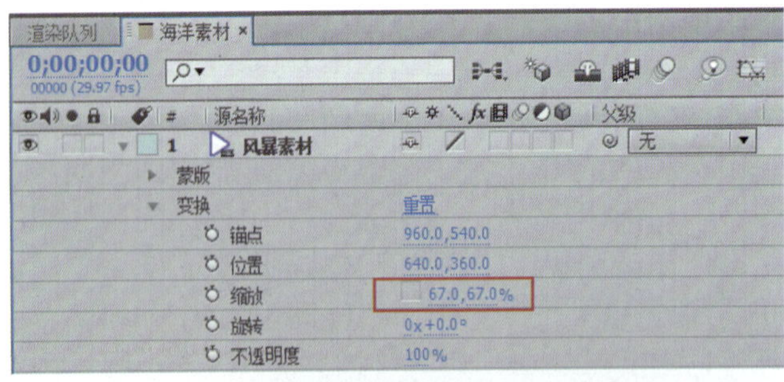

图5-11　“风暴”图层变换属性效果

（7）为了使“风暴”与“海洋”更好地融合，确保“风暴”图层为选择状态，单击快捷工具栏中的【钢笔工具】按钮，使用钢笔工具为蒙版添加节点，接着运用【选择工具】按钮选择并移动节点，效果如图5-12所示。

图5-12　修改“风暴”图层蒙版效果

这样就可以得到风暴在海面上富有变化的投影效果，使画面显得更加真实可信。

5.2.4　图层调色

为表现风暴来临时昏暗的天色、压抑的气氛，需要对两段素材进行色彩的校正和调整，保证整部片子色调风格的正确与统一。

（1）选择“海洋”图层，单击【效果】菜单下【颜色校正】/【曲线】命令，打开曲线控制对话框，如图5-13所示，分别对【RGB通道】、【蓝色通道】以及【红色通道】的曲线进行调整，最后的“海洋”画面效果如图5-14所示。

（2）用同样的方法对“风暴”画面的色调进行调整。选择“风暴”图层，单击【曲线】调色命令，打开【曲线控制】对话框，如图5-15所示，分别对【RGB通道】、【红色通道】、【绿色通道】以及【蓝色通道】的曲线进行调整，最后的“风暴”画面效果如图5-16所示。

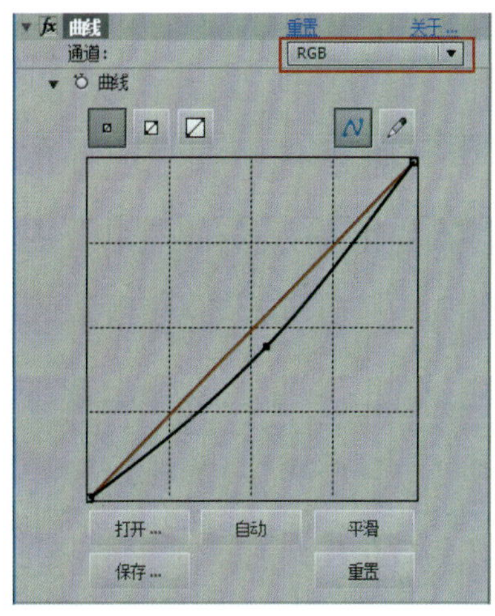

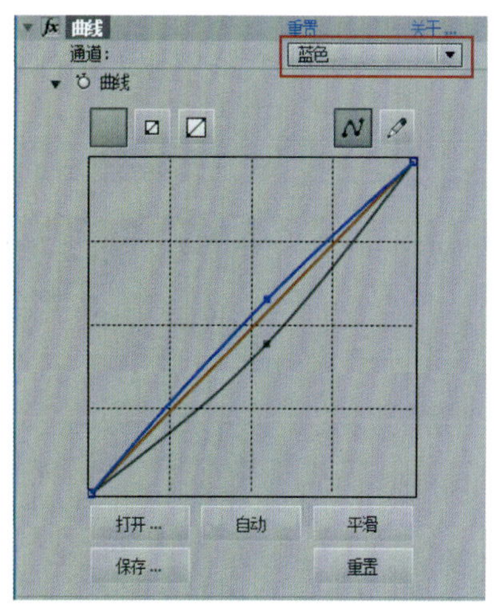

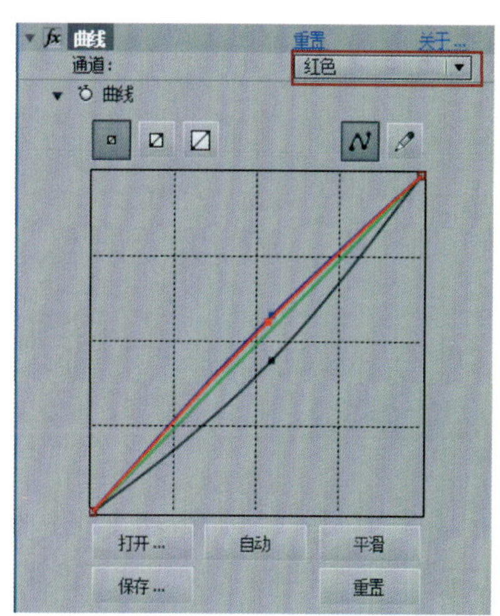

图5-13 “海洋”图层调色曲线设置

图5-14 “海洋”图层曲线调色效果

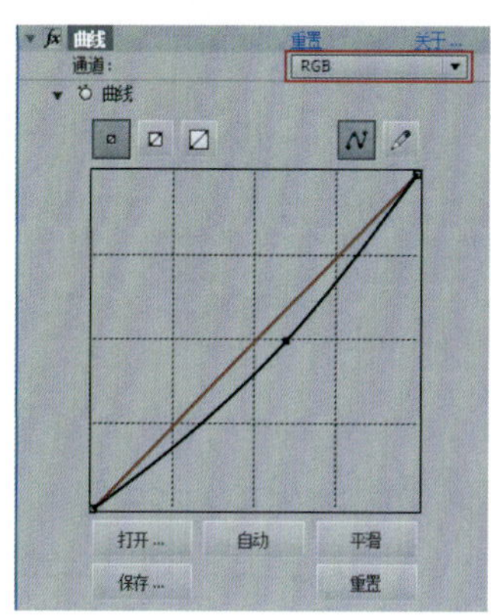

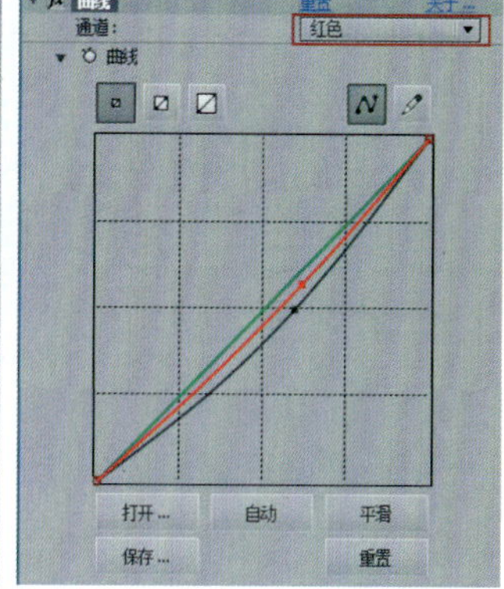

图5-15 “风暴”图层调色曲线设置

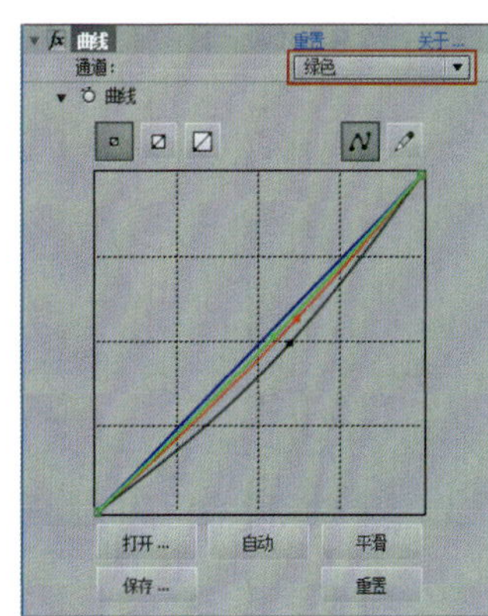

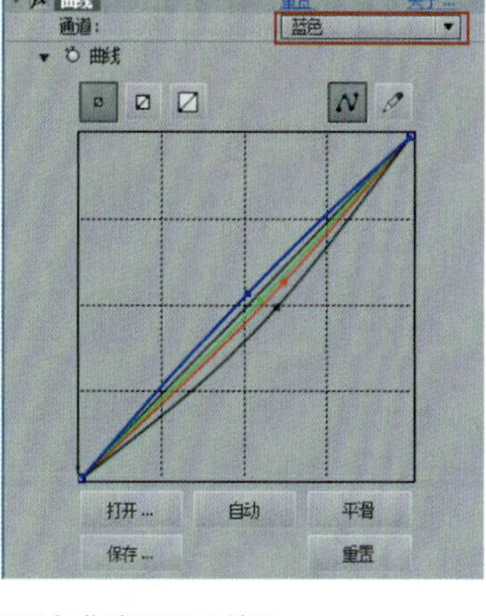

图5-15 “风暴”图层调色曲线设置（续）

图5-16 “风暴”图层曲线调色效果

5.2.5 制造闪电

真实的特效合成是对现实的再现，按照自然规律，涌动的乌云由于相互碰撞、摩擦会产生放电现象。在After Effects中我们可以通过一张闪电图像生成真实的闪电动态效果。

（1）在项目栏中选择“闪电.jpg”素材文件，将其拖放至图层面板中，并把它放置在“风暴”图层的上方，重命名该图层为“闪电”。

（2）确保“闪电”图层为选择状态，单击快捷工具栏中的【钢笔工具】按钮，使用钢笔工具在合成预览窗口绘制出白色蒙版遮罩，屏蔽其他多余的部分，如图5-17所示。

图5-17 选择闪电形态

（3）设置“闪电”图层的“混合模式”为“经典颜色减淡”。展开“闪电”图层中的“蒙版1”属性设置，设置“蒙版羽化”值为“220像素”，效果如图5-18所示。

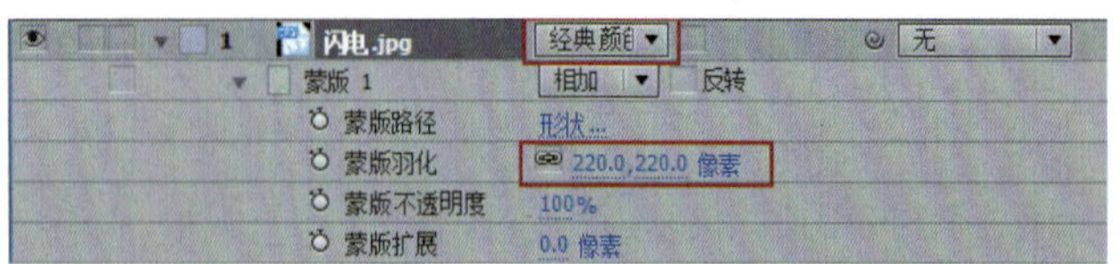

图5-18 闪电调整处理

（4）设置“闪电”图层的“缩放”属性值为“30，30%”，移动“闪电”图形到云层下方靠近海面的位置。

（5）选择“闪电”图层，单击“效果”菜单下“颜色校正”/“色相/饱和度”命令，打开“色相/饱和度”控制对话框，勾选“彩色化”选项，设置“着色色相”值，最后的“闪电”画面效果如图5-19所示。

闪电的静态效果已经完成，接下来制作闪电的动态效果。

（6）选择“闪电”图层，单击【效果】菜单下【颜色校正】/【曝光度】命令，打开曝光度控制对话框，单击曝光度属性的【动画记录】按钮，移动时间标尺到1.2秒、2秒、2.3秒的位置，并分别设置曝光度数值为-8、1、-8，完成一个闪电动画效果的制作，如图5-20所示。

图5-19 闪电画面处理效果

图5-20 闪电动态效果制作

（7）选择“闪电”图层，按键盘“Ctrl+D”组合键复制“闪电”图层。

（8）选择新的“闪电”图层，在预览窗口中调节蒙版节点，得到单束的闪电图形，如图5-21所示。接下来设置新的“闪电”图层的“缩放”属性值为“-30，30%”，【旋转】属性值为-8°，移动新的“闪电”图形到原“闪电”图形的右上方，如图5-22所示。

（9）选择新的“闪电”图层，按键盘“U”键，在时间线中调出新的“闪电”图形的动画关键帧。鼠标左键框选三个动画关键帧并向右移动，如图5-23所示，形成交替变化的闪电效果。

（10）根据以上方法，复制、修改获得更丰富的闪电效果。注意调整各个“闪电”图形动画关键帧在时间线中的位置，如图5-24所示。

（11）“闪电”在闪亮过程中会照亮整个天空，因此还需要根据闪电的动态效果对“风暴”图层进行曝光度调整。

选择“风暴”图层，对其运用【曝光度】调整命令，在曝光度控制对话框中，单击曝光度属性的【动画记录】按钮，并根据“闪电”的关键帧的时间位置设置曝光度值，完成天空闪亮的动画效果制作，如图5-25所示。

5.2.6 调整层大环境色调处理

在After Effects中，对调整图层的所有操作处理都能够影响图层面板中所有的图层，通常运用After Effects调整图层进行画面大环境的色调统一处理。

（1）单击【图层】菜单下【新建】/【调整图层】命令，新建一个调整图层。

（2）单击【效果】菜单下【颜色校正】/【色调】命令，打开色调控制对话框，设置“着色数量”值为“25%”，降低整个画面的色彩饱和度，如图5-26所示。

（3）单击【效果】菜单下【颜色校正】/【曲线】命令，打开曲线控制对话框，如图5-27所示，分别对【RGB通道】、【红色通道】的曲线进行调整，最终使整个画面具有电影胶片效果，如图5-28所示。

（4）为画面增加电影宽幕的黑色边框。单击【图层】菜单下【新建】/【纯色】命令，如图5-29所示，在弹出的【纯色设置】对话框中设置“颜色”为“100%黑色”，并修改“名称”为“电影边框”，单击【确定】按钮，新建一个纯色层。

图5-21　新的“闪电”形态效果

图5-22　新的“闪电”位置效果

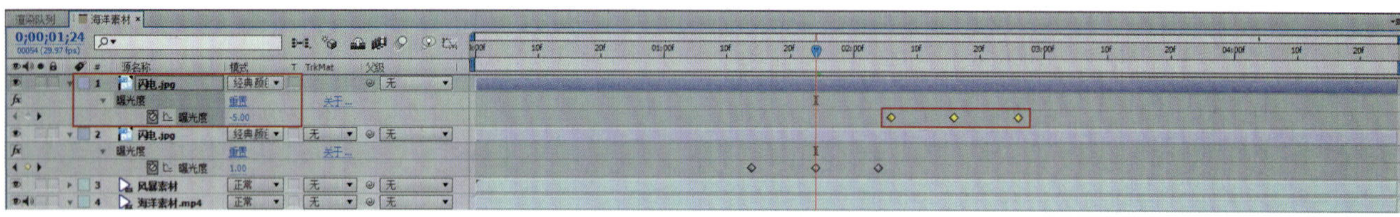

图5-23　新的“闪电”动画关键帧位置调整

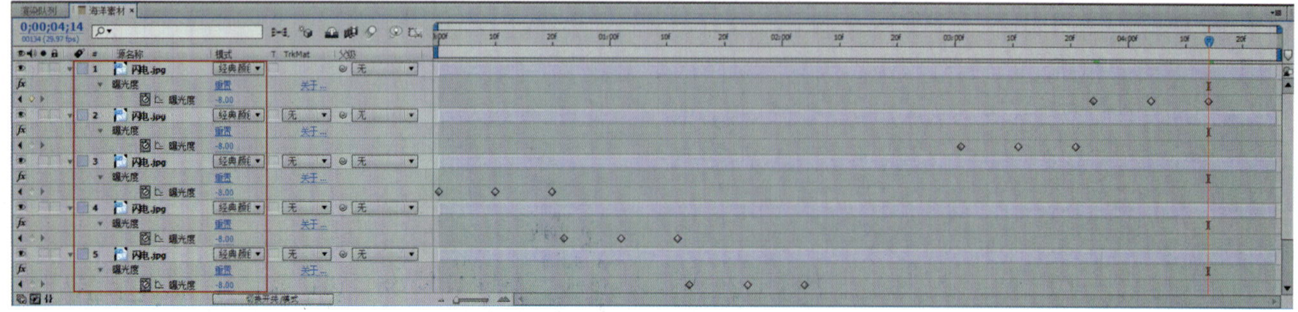

图5-24　所有“闪电”图形动画关键帧的位置

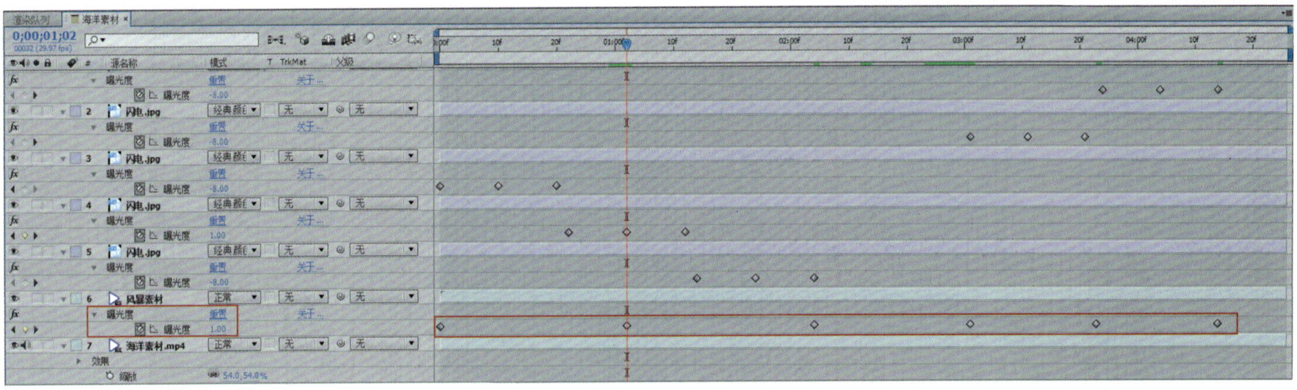

图5-25 天空闪亮动画效果设置

图5-26 降低画面色彩饱和度

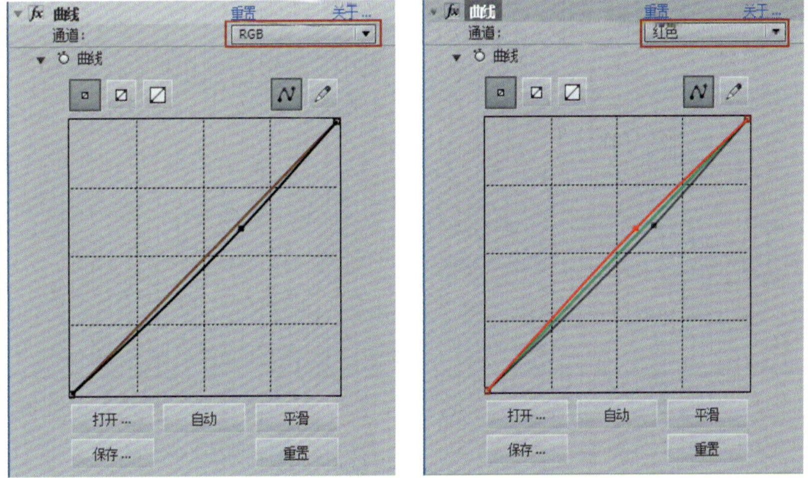

图5-27 整体画面曲线调色设置

图5-28　整体画面电影调色效果

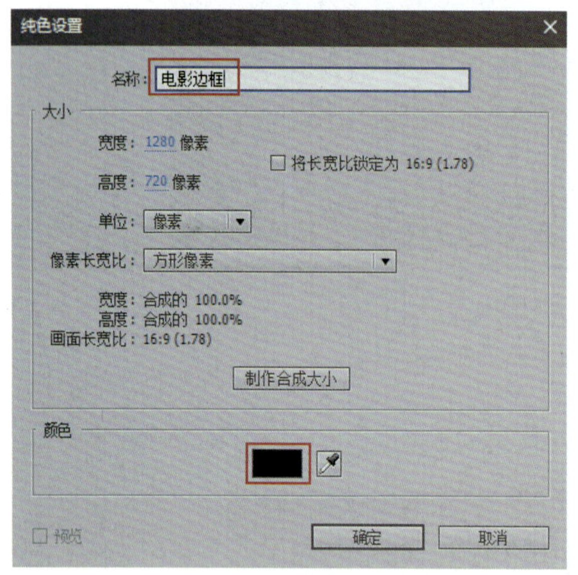

图5-29　纯色层设置对话面板

（5）确保“纯色”图层为选择状态，单击快捷工具栏中的【矩形工具】按钮，使用矩形工具在合成预览窗口绘制一个矩形，形成矩形蒙版遮罩。勾选【蒙版】属性中的【反转】选项，得到电影宽幕的黑色边框效果。

5.2.7　音效与画面匹配合成

电影是视听的艺术，既有画面又有声音，二者相辅相成，相互影响，缺一不可。

（1）在项目栏中双击“风暴音效.mp3”素材，在素材窗口将其打开，通过预览寻找合适的声音入点和出点，在20秒处为其设定一个入点，在25秒处为其设定一个出点，在素材窗口单击【叠加编辑】按钮，将风暴背景音效匹配至合成画面中，如图5-30所示。

（2）在图层面板中，选择“风暴音效.mp3”图层，展开其【波形】属性，设置“音频电平”值为“-11dB”，降低背景音效的音量。

（3）在项目栏中选择“雷嗔电怒.mp3”素材，将其拖放至图层面板中，设置“音频电平”值为“+12dB”，提高雷电音效的音量。展开其【波形】属性，通过观察预览窗口中闪电出现的时间，设置其在时间线上的位置，正确进行音效与合成画面的匹配，如图5-31所示。

（4）按键盘“Ctrl+D”键复制“雷嗔电怒.mp3”图层，设置“音频电平”值为“+5dB”，适当提高雷电音效的音量。展开其【波形】属性，通过观察预览窗口中闪电第二次出现的时间，设置其在时间线上的位置，正确进行音效与合成画面的匹配。

可以通过设置“音频电平”值的关键帧来表现雷电声渐隐的效果，如图5-32所示。

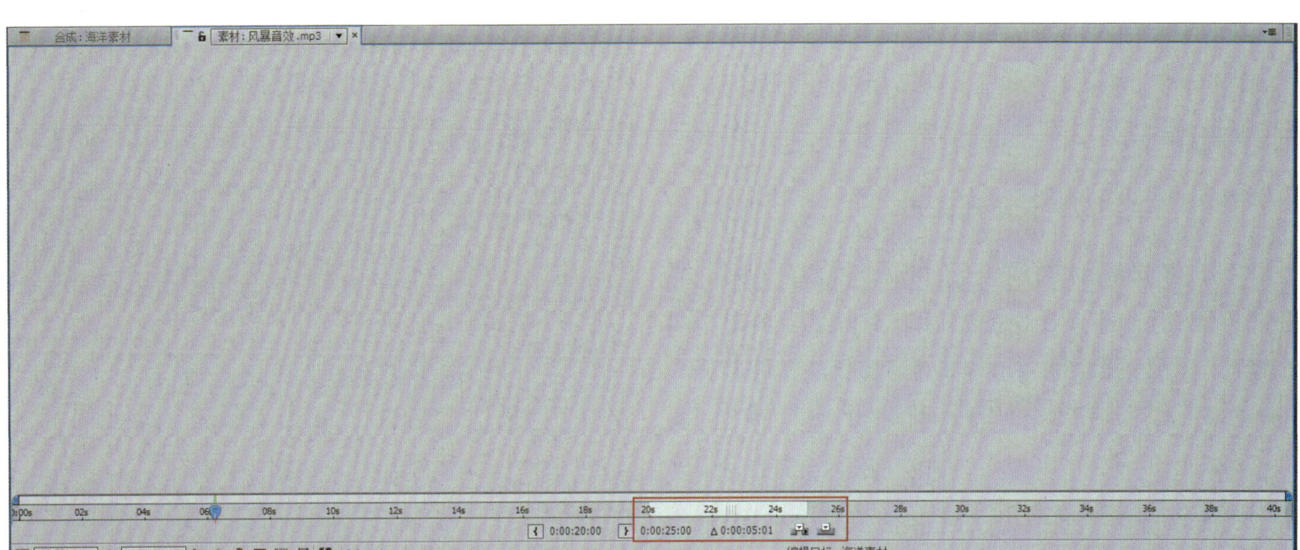

图5-30 音频编辑面板

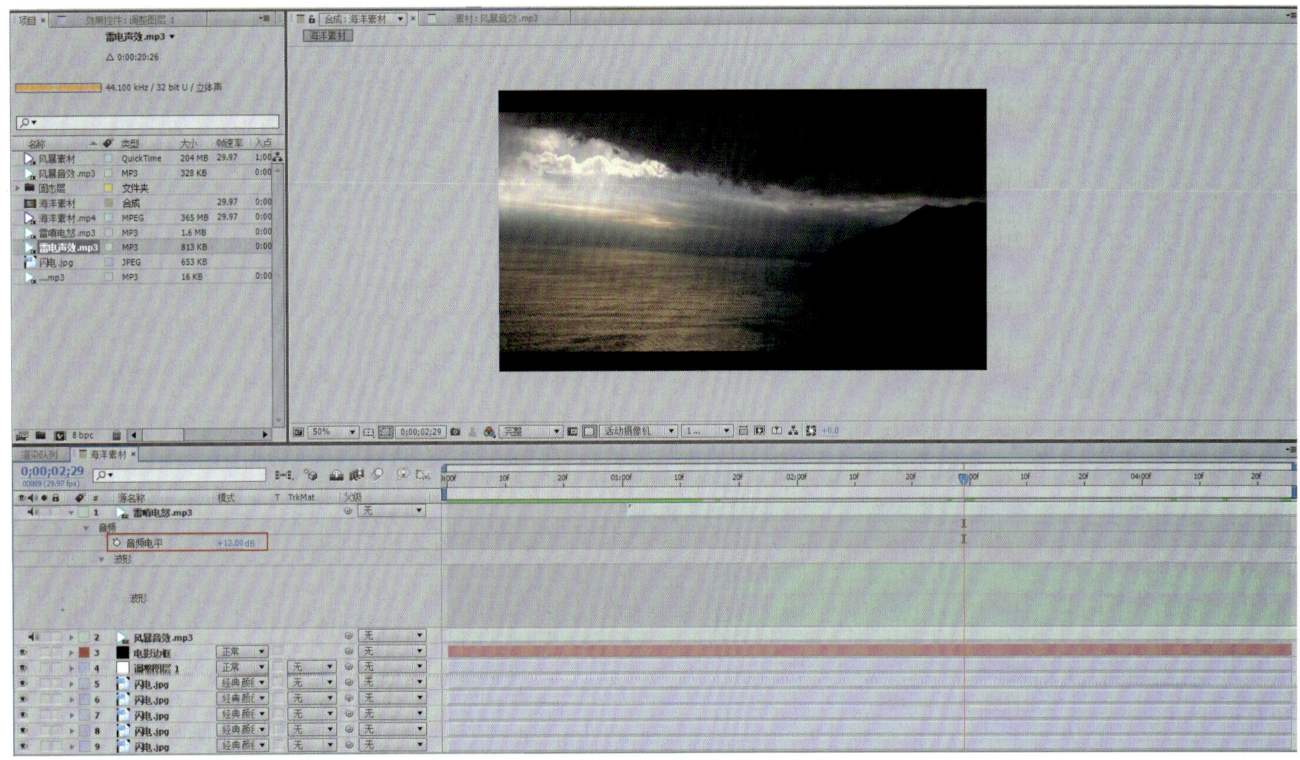

图5-31 音效与合成画面匹配

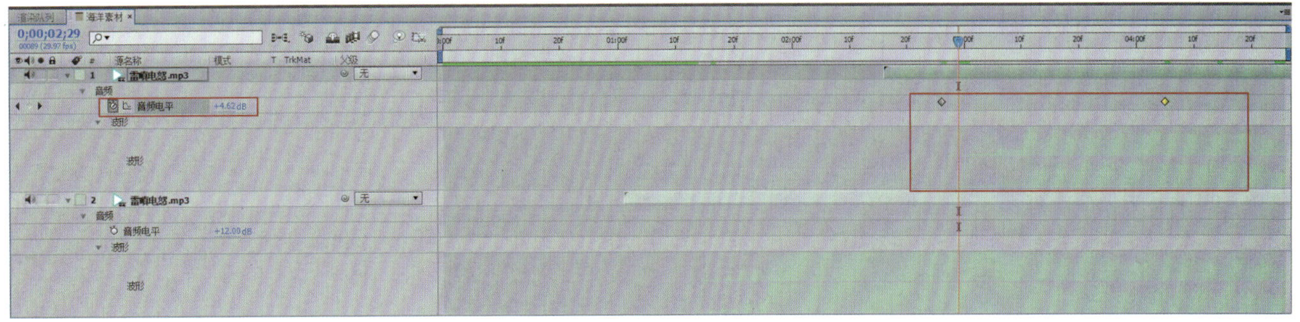

图5-32 音效渐隐效果设置

至此，通过单击【RAM预览】按钮进行动画预览，预览所有音效、画面匹配操作，确认无误后进行最终渲染输出。

5.2.8　最终成片渲染与输出

（1）单击【合成】菜单下的【添加到渲染队列】命令，打开渲染输出面板。修改输出文件格式，单击“输出模块”右边的蓝色文字，弹出【输出模块设置】对话框，如图5-33所示，修改“格式”为“QuickTime”，修改“格式选项”为“H.264”，设置“调整大小”为“HDTV 1 080 24”，单击【确定】，回到渲染队列面板。

（2）修改输出路径。单击“输出到”右边的蓝色文字，修改输出文件到指定的保存路径。然后单击右上方的【渲染】按钮，输出最终成片，最终完成电影“暴风雨”的特效合成制作。

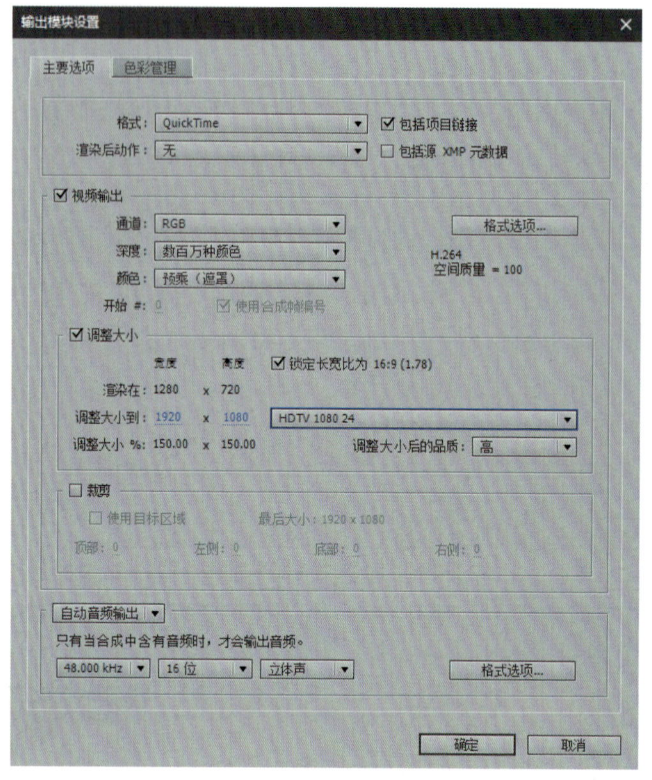

图5-33　输出模块设置

本章小结

本章主要介绍了影视特效合成的制作流程与步骤。

思考与练习

1. 什么是影视特效合成？
2. 影视特效合成的原则是什么？
3. 影视特效合成的步骤和注意事项有哪些？
4. 综合运用本章所学知识进行科幻电影的特效合成制作。

“暴风雨”最终输出效果

第6章 影视广告案例设计与制作

◆本章知识点

影视广告的创意与制作，将三维软件制作的汽车及其动画效果结合After Effects第三方插件3D Stroke和S_WarpBubble等制作成水墨风格的影视广告。

◆学习目标

了解影视广告的创意及脚本制作，熟悉影视广告的制作流程和步骤，熟练掌握After Effects制作影视广告的技巧，为影视合成与特效制作奠定良好的基础。

6.1 影视广告案例分析

商业影视广告以表现产品为主要目的，在深入了解产品性能的基础上用最合适的技术和最好的创意来表现产品的特点。好的创意往往能够给人留下深刻的印象，吸引更多的观众，从而达到有效传播产品的目的。因此，在制作广告之前，依据产品特点形成完整的创意文字并将其制作成具体的广告脚本就非常重要。

6.1.1 影视广告创意说明

本案例的创意来源于央视曾经播放过的一则汽车广告，将跑车的飞速运动与国画的泼墨技法相结合，流畅地勾画出一幅写意山水画，既展现了独具特色的中国元素，又呈现出汽车运动过程中气势磅礴的动感，而水墨色与跑车的红色形成鲜明的对比，更加突出了跑车靓丽的外观。

（6）制作投影。为“Car1”层添加【投影】效果，修改“不透明度”参数值为“75%”，“方向”为“160°”，“距离”参数值为“35”，“柔和度”参数值为“25”，如图6-7所示。

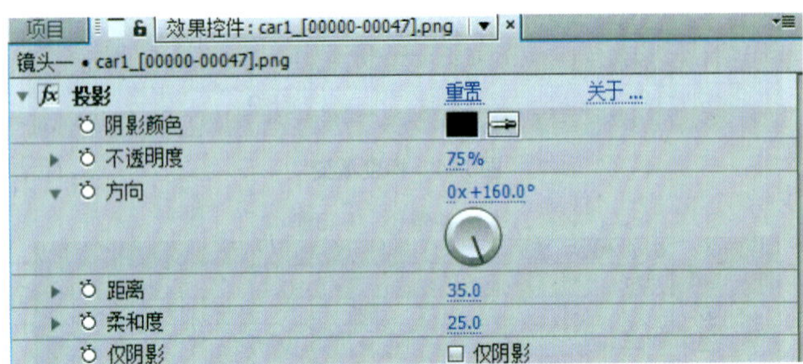

图6-7　投影效果

镜头一制作完成，最终效果如图6-8所示。

图6-8　镜头一完成效果

6.2.4　制作分镜头二

（1）创建合成。单击【合成】菜单下【新建合成】命令，打开【合成设置】对话框，将“合成名称”命名为“镜头二”，“预设”选择为“HDV/HDTV 720 25”，“持续时间”设置为“1秒”，单击【确定】按钮，如图6-9所示。

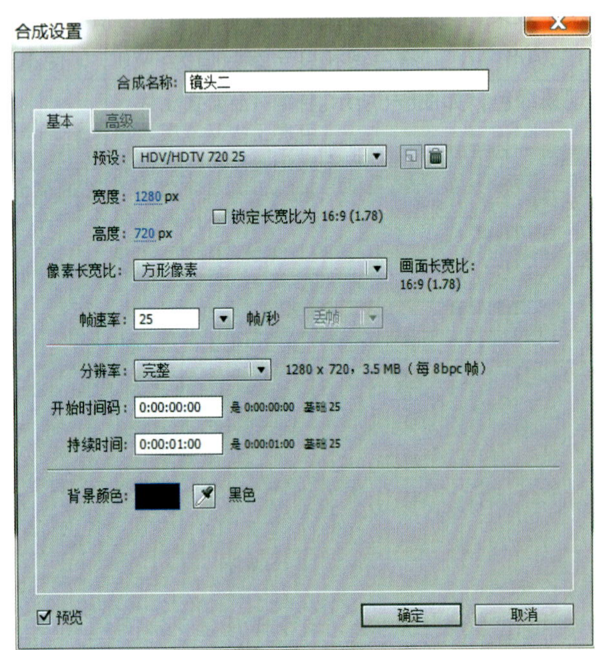

图6-9　合成设置

（2）制作背景。将“镜头一”合成中的“背景”层拷贝至“镜头二”合成中，修改背景层的“梯度渐变”效果，将“渐变起点”参数值改为“665，335”，“渐变终点”参数值改为“640，1 265”，如图6-10所示。

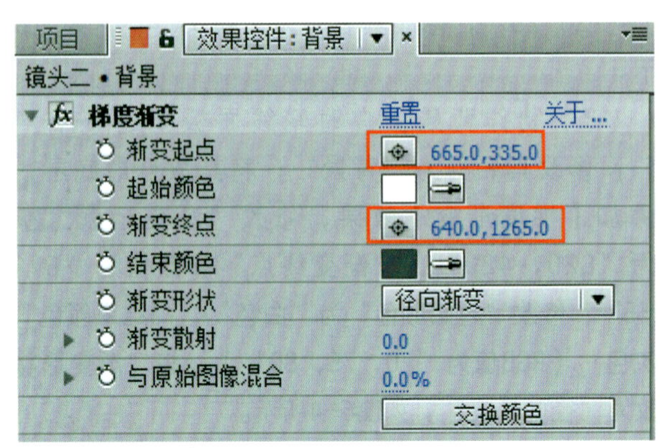

图6-10　修改梯度渐变

（3）制作喷墨效果。新建一个“纯色”层，颜色为“白色”，修改名称为“墨汁”，为其绘制一条路径，如图6-11所示。

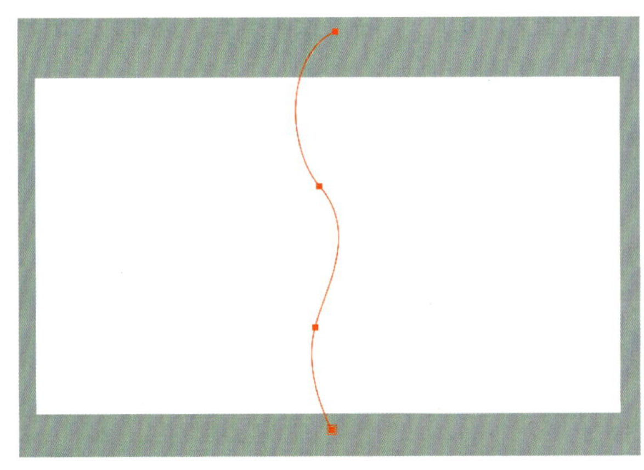

图6-11　绘制路径

为其添加Trapcode插件的【3D Stroke】效果，修改“颜色”为“墨绿色”（RGB值为“8，40，43”），“厚度”参数值为“100”，“羽化”参数值为“45”；展开“锥度”属性，勾选“启用”，修改“起点厚度”参数值为“35”，“终点厚度”参数值为“100”，“锥度开始”参数值为“65”，如图6-12所示。

图6-12　3D Stroke 参数效果

为【3D Stroke】效果添加关键帧动画。在第0帧修改"末"参数值为"0"，添加一个关键帧，在第10帧，修改其参数值为"55"，自动记录一个关键帧，在第1秒处修改其参数值为"100"；展开"变换"属性，在第0帧处为"X旋转"添加一个关键帧，在第1秒处修改其参数值为"20°"，自动记录一个关键帧，效果如图6-13所示。

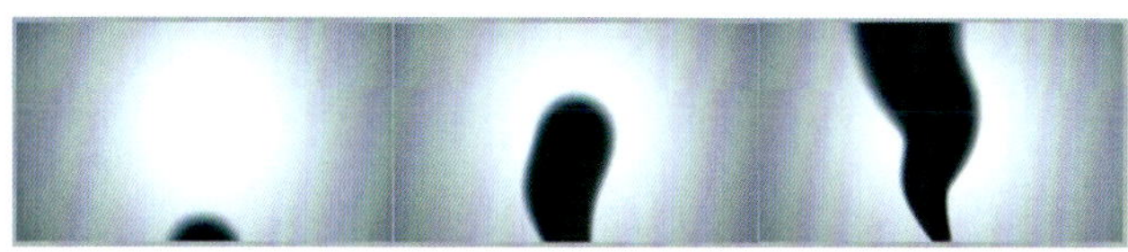

图6-13　3D Stroke动画效果

接着为"墨汁"层添加蓝宝石插件的"Sapphire Distort"/"S_WarpBubble"效果，修改"Shift Speed Y"参数值为"100"，为"Rotate Warp Dir"属性设置关键帧动画，在第0帧处修改其参数值为"-50"，添加一个关键帧，在第1秒处修改其参数值为"50"，自动记录一个关键帧，如图6-14所示。

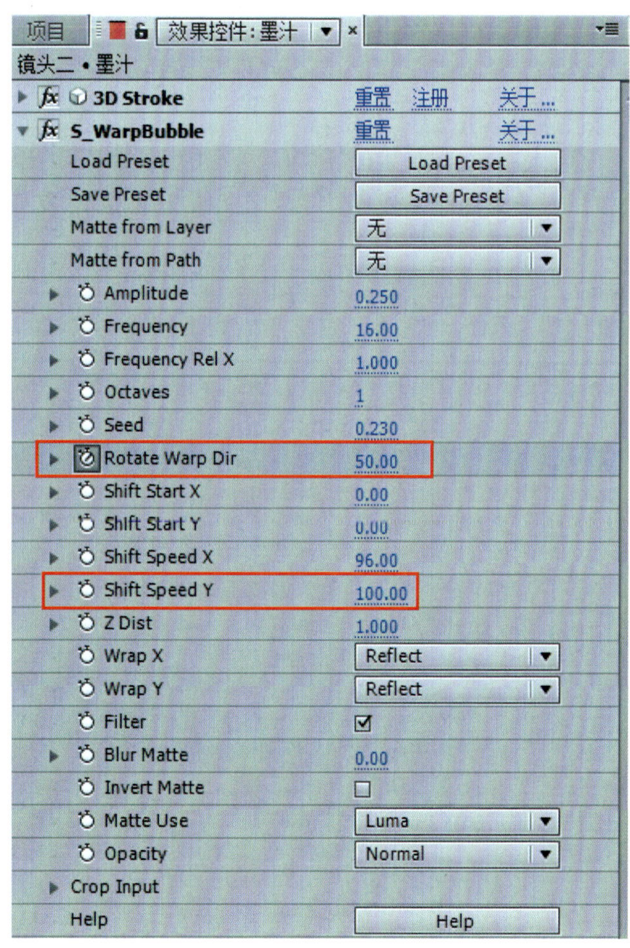

图6-14　S_WarpBubble效果

镜头二制作完成，最终效果如图6-15所示。

图6-15　镜头二完成效果

6.2.5　制作分镜头三

（1）创建合成。单击【合成】菜单下【新建合成】命令，打开【合成设置】对话框，将【合成名称】命名为"镜头三"，"预设"选择为"HDV/HDTV 720 25"，"持续时间"设置为"1秒5帧"。

（2）复制背景。将"镜头二"合成中的"背景"层拷贝至"镜头三"合成中。

（3）将项目面板【汽车素材】文件夹中"Car2.png"素材拖放至"镜头三"合成中，放在"背景"层上方；按"S"键展开【缩放】属性，修改参数值为"65"，按"P"键展开【位置】属性，修改参数值为"735，420"；接着为其添加"投影"效果，修改"不透明度"为"65%"，"方向"为"185°"，"距离"为"30"，"柔和度"为"20"，如图6-16所示。

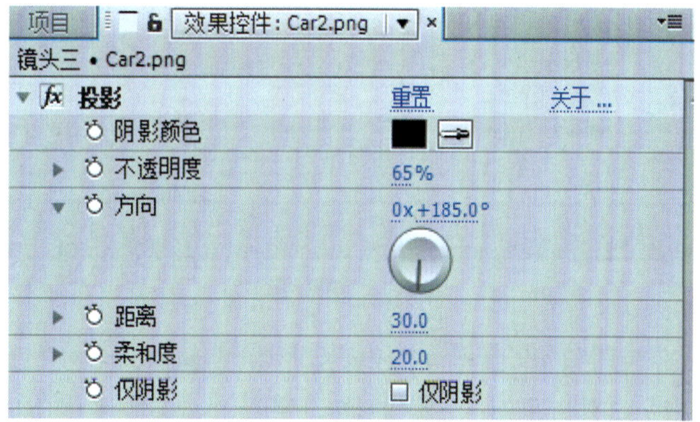

图6-16　投影效果

（4）将项目面板【PIC】文件夹中的"墨迹2.jpg"素材拖放至"镜头三"合成中，放在"背景"层与"汽车"上层之间，修改其"缩放"属性参数值为"110"，"旋转"属性参数值为"90°"，效果如图6-17所示。

图6-17 修改墨迹层

（5）制作泼墨动画。将“镜头二”合成中的“墨汁”层拷贝至“镜头三”合成中，放置在“墨迹2”层上方，沿墨迹轨迹调整路径的形状，如图6-18所示。

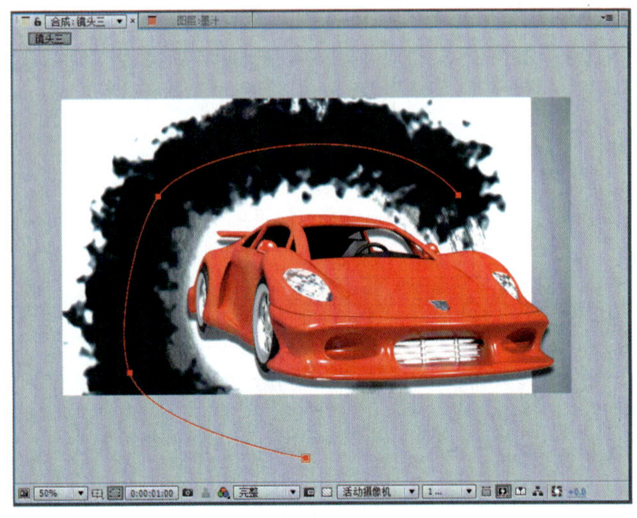

图6-18 调整路径

展开【3D Stroke】效果的“锥度”属性，去除“启用”勾选，展开“变换”属性，删除“X旋转”属性的关键帧动画，恢复参数值为“0°”，如图6-19所示。

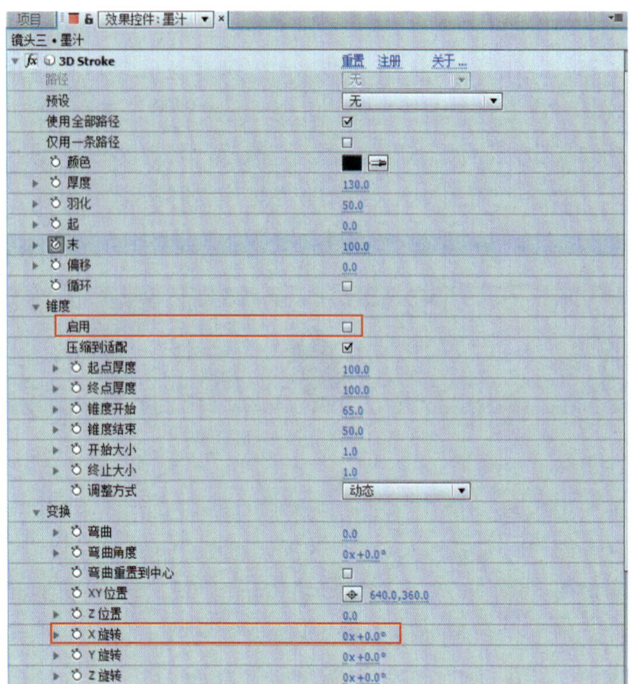

图6-19 修改3D Stroke效果

展开【S_WarpBubble】效果属性，修改“Shift Speed X”参数值为“10”，“Shift Speed Y”参数值为“0”，如图6-20所示。

将“墨汁”层拖放至“墨迹2”层下方，修改其轨道遮罩为“亮度反转遮罩”，如图6-21所示，泼墨动画效果制作完成。

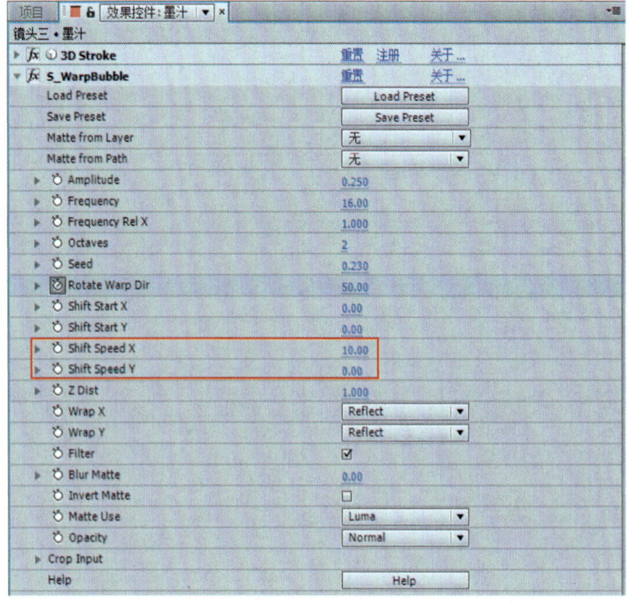

图6-20 修改S_WarpBubble效果

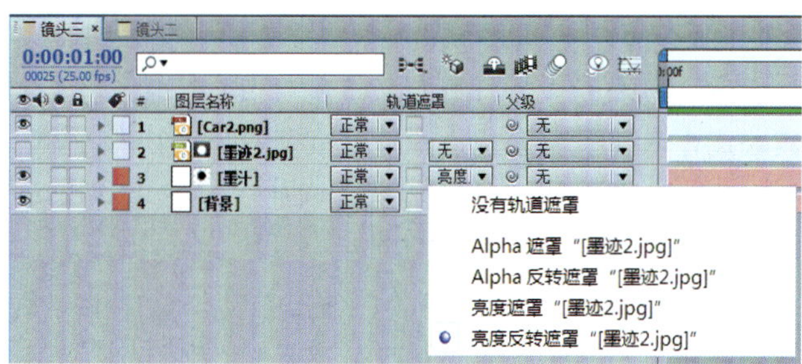

图6-21　修改轨道遮罩

（6）制作文字动画。新建一个"纯色"层，为其添加"基本文字"效果，输入"灵气天成"四个字，选择一个合适风格的中文字体，将其放置在画面右上方，修改"填充颜色"为红色（RGB值为"145，20，25"），修改"位置"参数值为"885，80"；在第0帧修改"大小"参数值为"85"，"字符间距"为"100"，分别为其添加一个关键帧，在最后一帧处修改"大小"参数值为"75"，"字符间距"为"40"，自动记录关键帧，完成文字动画效果制作，如图6-22所示。

图6-22　文字动画设置

镜头三制作完成，最终效果如图6-23所示。

图6-23　镜头三完成效果

6.2.6　制作分镜头四

（1）创建合成。选中"Car2.png"图片序列，将其拖放至项目面板中的【新建合成】图标上方松开鼠标左键，依据该素材创建一个新的合成，合成预设为"HDV/HDTV 720 25"，修改其名称为"镜头四"。

（2）制作背景。新建一个"纯色"层，修改其颜色为"纯白色"，修改名称为"白底"，将其放至最底层；再次新建一个"纯色"层，修改其颜色为"灰色"（RGB值为"70，75，80"），修改其名称为"灰色"，将其放在"Car2"层上方，为其绘制一个椭圆形遮罩，修改遮罩模式为"相减"，"蒙版羽化"参数值为"350"，效果如图6-24所示。

图6-24　文字动画

（3）选中"Car2"层为其添加"投影"效果，修改"不透明度"为"70%"，"方向"为"145°"，"距离"为"30"，"柔和度"为"60"。

（4）添加墨山。将项目面板中"墨山.jpg"素材拖放至"镜头四"合成中，放在"白底"层上方，"Car2"层下方；修改其"位置"属性参数值为"440，150"，"缩放"属性参数值为"110，67.6%"，如图6-25所示。

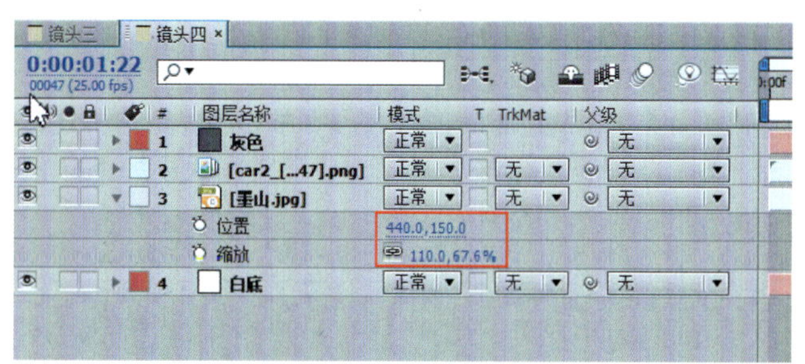

图6-25　修改墨山层

为其添加【色阶】效果，修改"输入白色"参数值为"215"，"灰度系数"为"0.7"，使该图层背景为纯白色，随后为其添加【色相/饱和度】效果，勾选"彩色化"，修改"着色色相"为"200°"，"着色饱和度"为"30"，如图6-26所示。

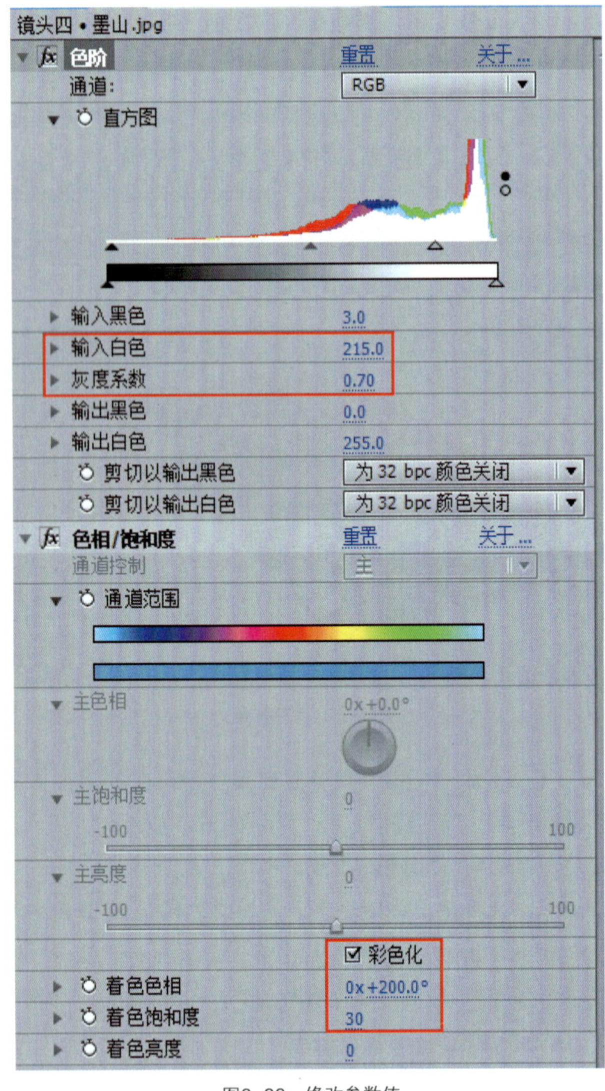

图6-26　修改参数值

选中“墨山”层，沿着左上方的墨山为其绘制一个遮罩，修改“蒙版羽化参数值”为“65”，效果如图6-27所示。

图6-27　墨山效果

再次选中“墨山”层，按住“Ctrl+D”键，复制一层，将上面的“墨山”层修改名称为“墨山模糊”，为其添加【快速模糊】效果，修改“模糊度”为“55”，按“T”键展开其“不透明度”属性，修改参数值为“70%”，添加墨山效果完成。

（5）制作泼墨动画。将“镜头三”合成中的“墨汁”层拷贝至“镜头四”合成中，放置在“白底”层上方，将其首帧对齐时间线面板的第20帧处，展开其关键帧，将最后两个关键帧移动至第1秒15帧处，调整路径的形状，如图6-28所示。

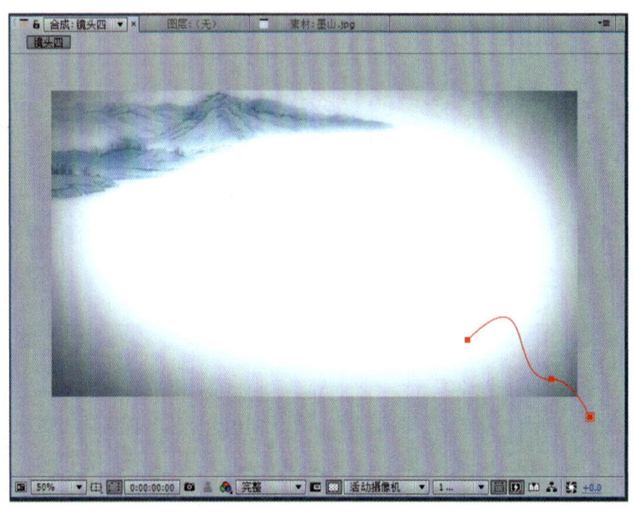

图6-28　调整路径形状

展开【3D Stroke】效果属性，修改“厚度”参数值为“120”，“羽化”参数值为“40”，如图6-29所示。

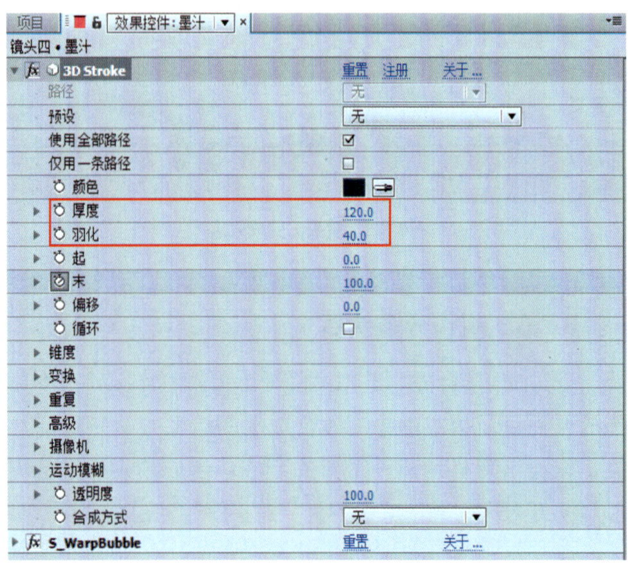

图6-29　修改3D Stroke效果

展开【S_WarpBubble】效果属性，修改“Octaves”参数值为“3”，“Shift Speed X”参数值为“-30”，“Shift Speed Y”参数值为“-40”，如图6-30所示。

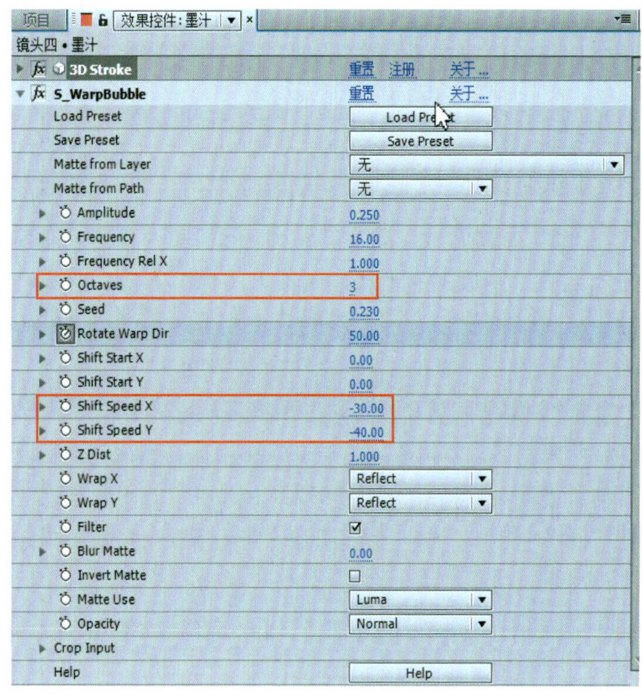

图6-30 修改S_WarpBubble效果

镜头四制作完成，最终效果如图6-31所示。

图6-31 镜头四完成效果

6.2.7 制作分镜头五

（1）创建合成。选中“Car4.png”图片序列，将其拖放至项目面板中的【新建合成】图标上方松开鼠标左键，依据该素材创建一个新的合成，合成预设为“HDV/HDTV 720 25”，修改其名称为“镜头五”。

（2）调整汽车位置。修改“Car4”层“位置”属性参数值为“640，320”，让汽车居于画面相对中心的位置。

（3）复制背景。将“镜头四”合成中的“白底”层和“灰色”层拷贝至“镜头五”合成中，将“白底”层放至最底层，“灰色”层放至最上层。

（4）制作泼墨动画。将“镜头二”合成中的“墨汁”层拷贝至“镜头五”合成中，放置在“白色”层上方，拖动其长度与“镜头五”合成一致，调整路径形状为一条居中的直线，如图6-32所示。

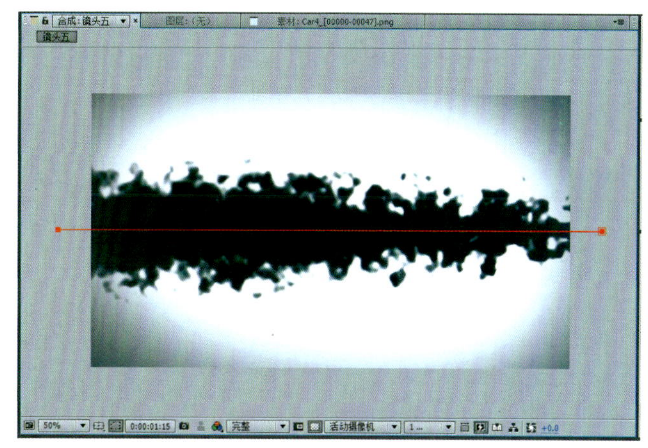

图6-32 调整路径

展开【3D Stroke】效果属性，修改“厚度”参数值为“110”，修改“末”属性关键帧动画，将第一个关键帧移至第5帧处，将最后一个关键帧移至第1秒10帧处，删除中间的关键帧。展开“锥度”属性，修改“终点厚度”为“30”，“锥度开始”为“35”，“锥度结束”为“30”，“开始大小”为“0.5”，“终止大小”为“0.8”，如图6-33所示。

展开【S_WarpBubble】效果属性，修改“Frequency”参数值为“25”，“Octaves”参数值为“5”，“Shift Speed X”参数值为“15”，“Shift Speed Y”参数值为“0”，如图6-34所示，墨汁从汽车尾部溅出，动画制作完成。

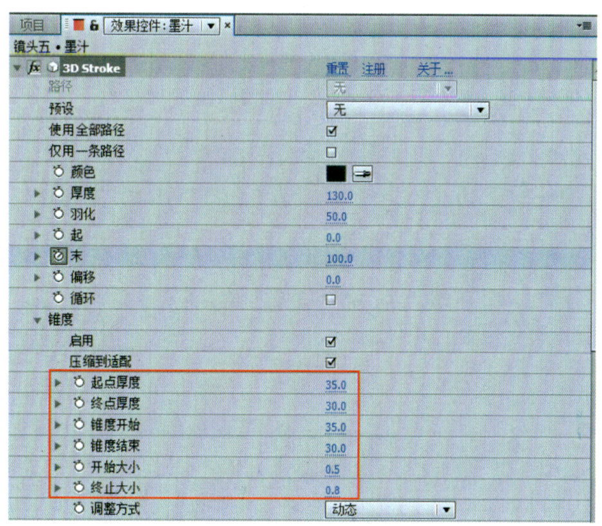

图6-33 修改3D Stroke效果

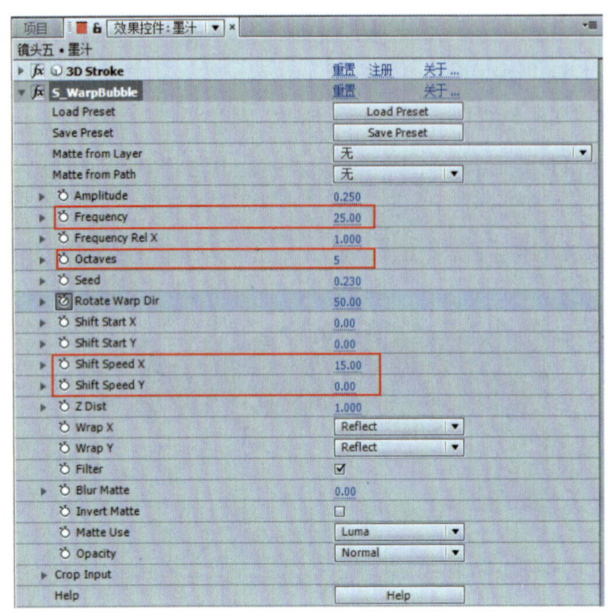

图6-34　修改S_WarpBubble效果

（5）制作文字动画。将“镜头三”合成中的“文字”层拷贝至“镜头五”合成中，将其放至“墨汁”层上方；展开【基本文字】效果属性，打开编辑文本对话框，重新输入“动达天下”四个字，修改“位置”属性参数值为“450，350”，删除“大小”属性关键帧动画，修改其参数值为“90”，重新设定“字符间距”属性关键帧动画，在第0帧修改参数值为“150”，记录一个关键帧，在最后一帧修改参数值为“40”，自动记录一个关键帧，如图6-35所示。展开“文字”层不透明度属性，为其制作淡入淡出效果，文字动画制作完成。

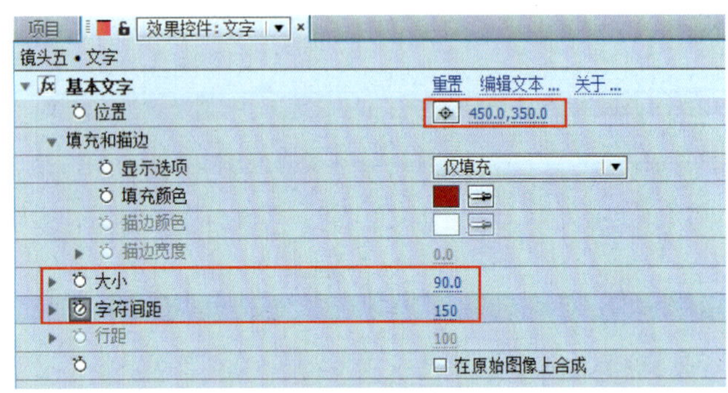

图6-35　修改S_WarpBubble效果

镜头五制作完成，最终效果如图6-36所示。

图6-36　镜头五完成效果

6.2.8　制作分镜头六

（1）创建合成。选中“Car5.png”图片序列，将其拖放至项目面板中的【新建合成】图标上方松开鼠标左键，依据该素材创建一个新的合成，合成预设为“HDV/HDTV 720 25”，修改其名称为“镜头六”。

（2）调整汽车动画。通过预览可知，“Car5”层汽车是一个慢速运动，需要制作一个汽车由远及近、先快后慢再静止的动画，持续时间约6秒钟。选中“Car5”层，按住“Ctrl+Alt+T”键，为其添加“时间重映射”效果，会在首尾帧自动添加两个关键帧，移动播放头至第11秒，添加一个关键帧，接着移动播放头至第14秒09帧处，再次添加一个关键帧，如图6-37所示。

修改关键帧位置。将第11秒处关键帧移至第1秒处，将14秒09帧处关键帧移至第4秒处，移动播放头至第6秒处，按“N”键将工作区域结尾对齐第6秒处，在工作区上方右键单击弹出菜单栏，选择“将合成修剪至工作区域”，如图6-38所示，汽车动画调整完毕。

（3）复制背景。将“镜头四”合成中的“白底”层、“灰色”层、“墨山模糊”层和“墨山”层拷贝至“镜头六”合成中，调整4个层的时间长度与合成一致，将“白底”、“墨山模糊”和“墨山”层放至“Car5”层下方，“灰色”层放至最上层，如图6-39所示。

展开“墨山模糊”层和“墨山”层的【色相/饱和度】效果属性，修改“着色色相”参数值为“180°”，按“S”键展开这两层的“缩放”属性，修改其参数值为“130，60%”，按“P”键展开这两层的“位置”属性，修改其参数值为“540，145”，完成效果如图6-40所示。

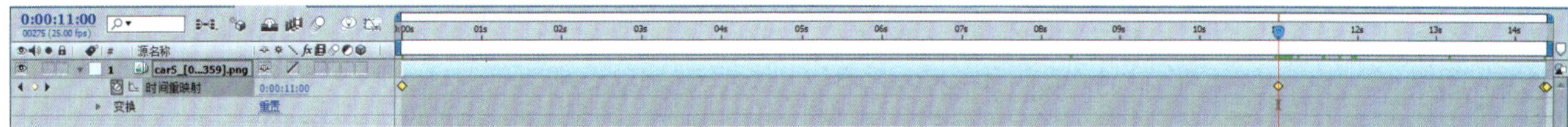

图6-37 时间重映射效果

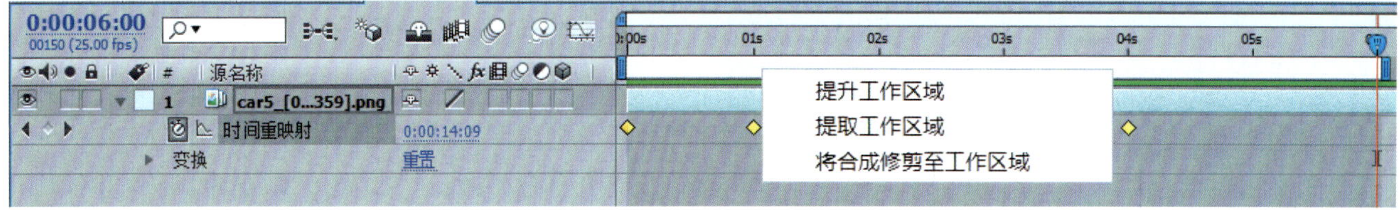

图6-38 修剪合成长度

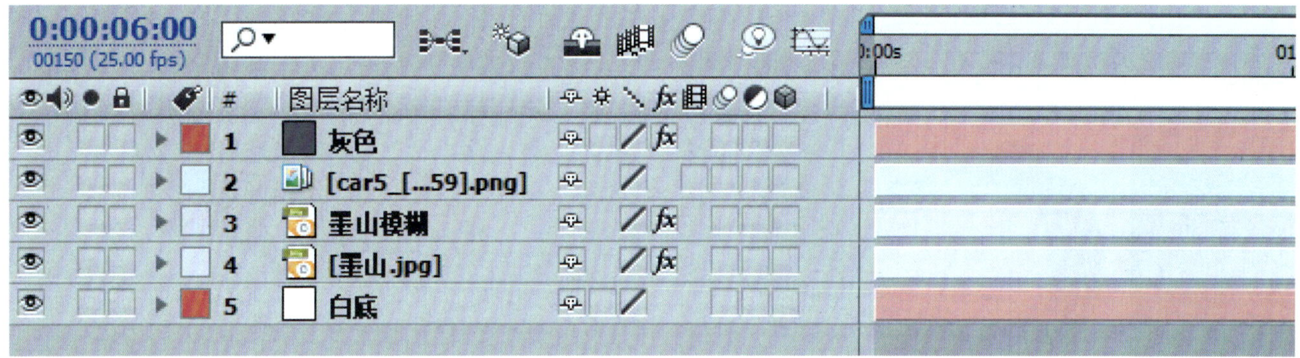

图6-39 调整图层位置

图6-40 背景效果

图6-41 投影效果

（4）添加汽车投影。选中“Car5”层，为其添加“投影”效果，修改“不透明度”为“70%”，“方向”为“180°”，“柔和度”为“25”，为“距离”属性设置关键帧动画，在第0帧修改其参数值为“3”，在第1秒处修改其参数值为“10”，在第3秒修改其参数值为“20”，完成效果如图6-41所示。

（5）制作泼墨动画。创建一个新的合成，背景颜色为绿色，合成预设为“HDV/HDTV 720 25”，持续时间为4秒钟，修改其名称为“圆墨迹”。将“镜头三”合成中的“墨迹2”层和“墨汁”层拷贝至该合成中，打开“墨迹2”层显示开关，修改其“缩放”属性为“70，70%”，“位置”属性为“640，358”；选中“墨汁”层，单击“变换”属性的“重置”开关，使该层变换属性恢复到原始状态，如图6-42所示。

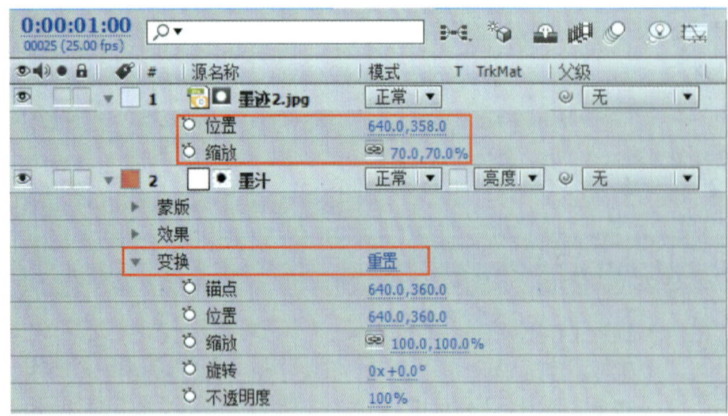

图6-42　修改变换属性

调整“墨汁”层上的路径形状如图6-43所示，关闭“墨迹2”层显示开关，完成泼墨动画效果。

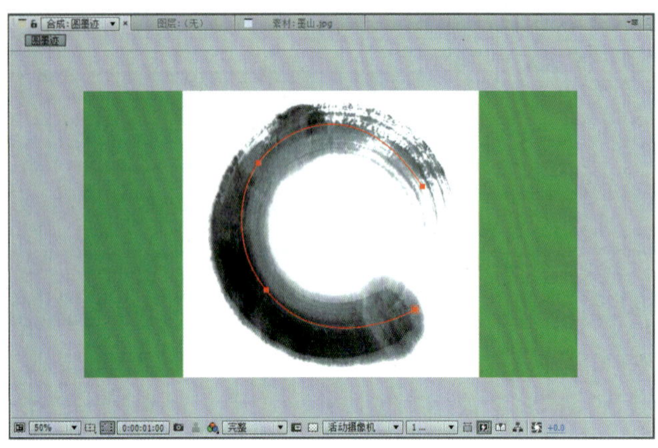

图6-43　调整路径形状

（6）合成嵌套。打开“镜头六”合成，在项目面板选中“圆墨迹”合成拖放至“镜头六”合成中，将其首帧对齐第2秒01帧处，移动播放头至最后一帧便于查看合成结果；选中“圆墨迹”层，按“S”键展开其“缩放”属性，修改其参数值为“-115，105%”，左右翻转该层；按“P”键展开其“位置”属性，修改其参数值为“750，355”；接着为其绘制一个遮罩，如图6-44所示。

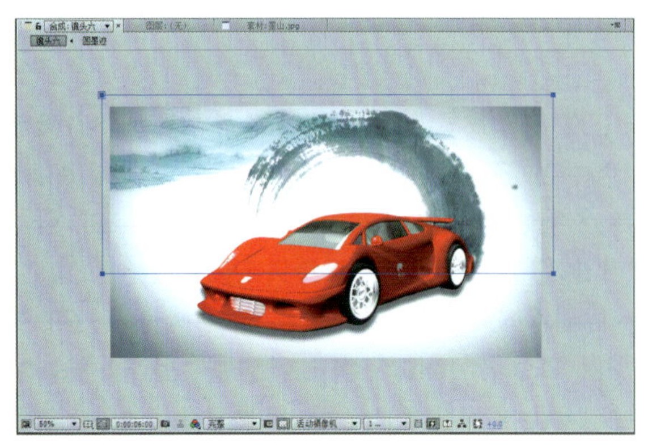

图6-44　绘制遮罩

（7）制作泼墨文字效果。选中【PIC】文件夹中的“题字.png”素材拖放至合成中，将其首帧对齐第4秒处，修改其“缩放”属性为“55，55%”，“位置”属性为“420，280”；将“镜头五”合成中“墨汁”层拷贝至该合成中，首帧对齐第4秒处，修改其路径，起点在左，终点在右，位置和长度如图6-45所示；展开其“3D Stroke”效果的“末”属性，将其最后一个关键帧移至第4秒15帧处；修改其轨道遮罩为“Alpha遮罩”，泼墨文字效果制作完成。

图6-45　修改路径

（8）制作文字飞入效果。新建一个文字层，输入文字内容“新一代超级跑车F50”，设置合适的字体、颜色和大小，如图6-46所示。

图6-46　制作文字飞入效果

将文字层首帧对齐第4秒15帧处，展开“文本”属性，为其右边“动画”添加一个“位置”属性，勾选“启用逐字3D化”，如图6-47所示。

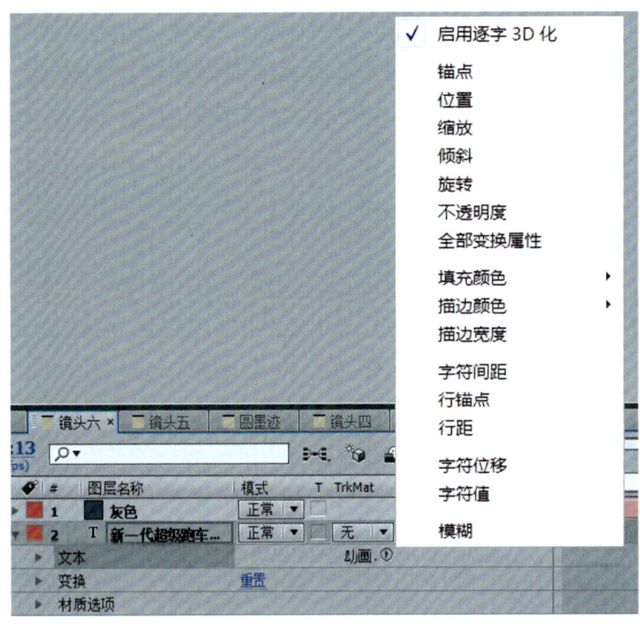

图6-47　启用逐字3D化

展开“动画制作工具1”，修改“位置”属性参数值为“0，150，-1 500”，展开“范围选择器1”，为“偏移”属性设置关键帧动画，在第4秒15帧处为其添加一个关键帧，在第5秒5帧处修改其参数值为“100%”，自动记录一个关键帧，如图6-48所示，打开文字层的运动模糊开关，文字飞入效果制作完成。

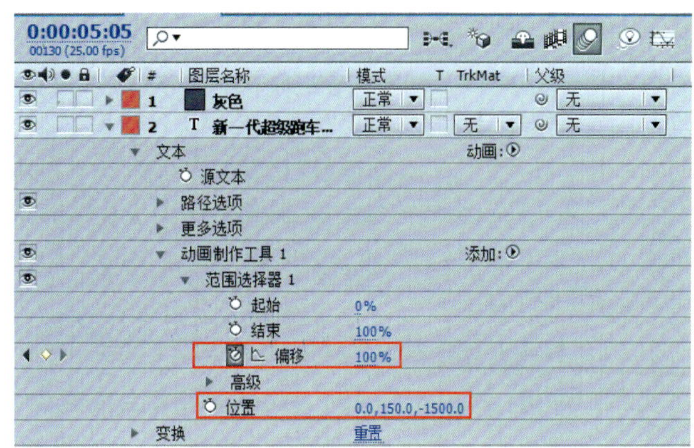

图6-48　设置位置动画

镜头六制作完成，最终效果如图6-49所示。

6.2.9　音乐匹配合成

（1）导入声音素材。单击【文件】菜单下【导入】命令，打开素材导入对话框，将【Music】文件夹内所有声音素材导入After Effects中，在项目面板新建一个文件夹，将其命名为“Music”，把导入的声音素材全部拖放至该文件夹，便于素材管理。

（2）镜头一音效匹配。在项目面板双击打开“镜头一”合成，将【Music】文件夹中的“CAR REWING.AIF”素材拖放至合成中，通过预览可知，1秒10帧之后出现发动机重复的声音，因此在该处后修剪即可，选中“CAR REWING”层，将播放头移至第1秒10帧，按住“Alt+]”键，将该层出点对齐播放头，如图6-50所示。

图6-49　镜头六完成效果

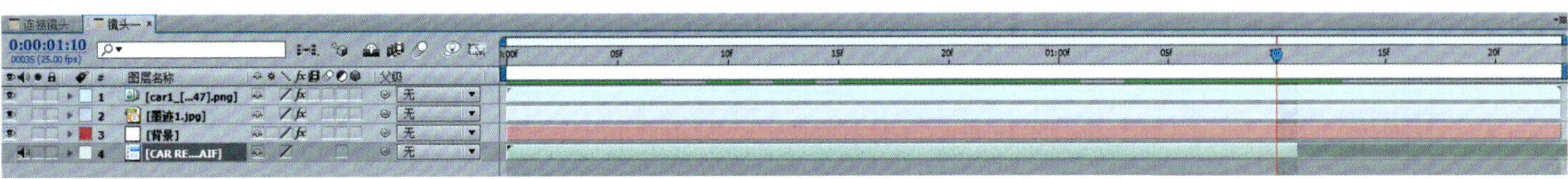

图6-50　镜头一音效匹配

（3）镜头四音效匹配。打开“镜头四”合成，在项目面板双击“PASSING CAR.AIF”素材，在素材窗口将其打开，通过预览寻找合适的声音入点和出点，在第1秒20帧处为其设定一个入点，在第3秒10帧处为其设定一个出点，将“镜头四”合成播放头移至第0帧处，在素材窗口单击“叠加编辑”按钮，将音效匹配至“镜头四”合成中，如图6-51所示。

（4）镜头五音效匹配。打开“镜头五”合成，直接将项目面板中的“CAR STOP.AIF”素材拖放至该合成中。

（5）镜头六音效匹配。打开“镜头六”合成，将“镜头一”合成中的“CAR REWING”层拷贝至“镜头六”合成中。

（6）音乐匹配最终合成。新建一个合成，将其命名为“连接镜头”，预设为“HDV/HDTV 720 25”，【持续时间】设置为“13秒20帧”；将完成的六个合成拖放至该合成中，依照镜头顺序让六个镜头首尾相接，如图6-52所示。

将【Music】文件夹中的“MUSIC.mp3”素材拖放到该合成中放至最底层，展开其“音频”属性，为“音频电平”属性设置关键帧动画，在第12秒处修改其参数值为“-10”，在第13秒20帧处修改其参数值为“-48”，完成音乐的淡出效果。

6.2.10 最终成片渲染与输出

（1）修改输出路径。按住键盘“Ctrl+M”键打开渲染队列面板，单击“输出到”右边的蓝色文字，修改输出文件到指定的保存路径。

（2）修改输出文件格式。输出视频格式与电脑系统具备的视频编码有关，建议输出为H264编码的“MP4”格式文件。单击“输出模块”右边的蓝色文字，弹出输出模块设置对话框，修改“格式”为“H.264”，修改“格式选项”为“HDV/HDTV 720 25”，单击【确定】，回到渲染队列面板，单击右上方的【渲染】按钮，输出最终成片，最终完成“汽车广告”制作，效果如图6-53所示。

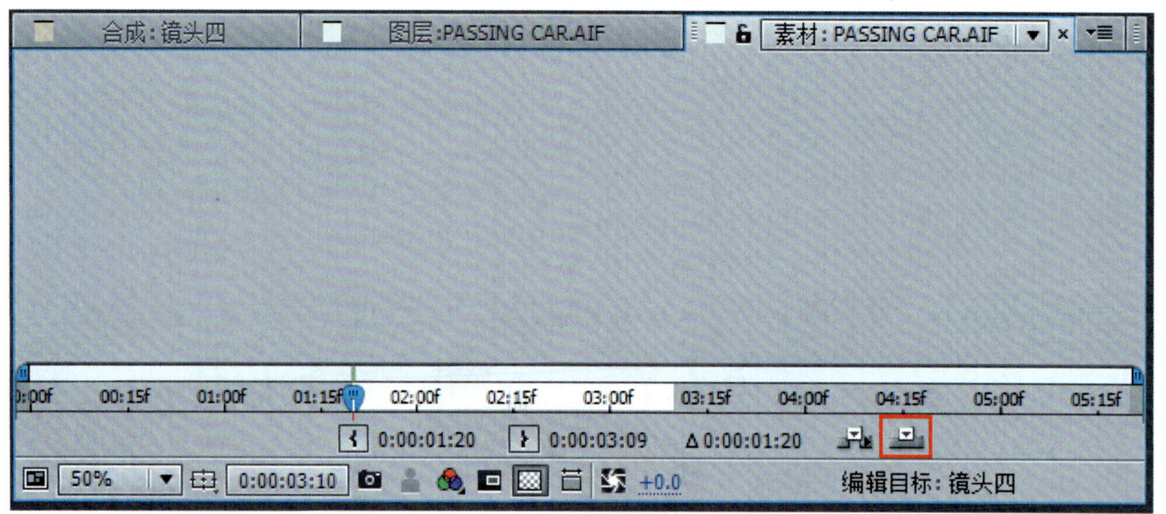

图6-51　镜头四音效匹配

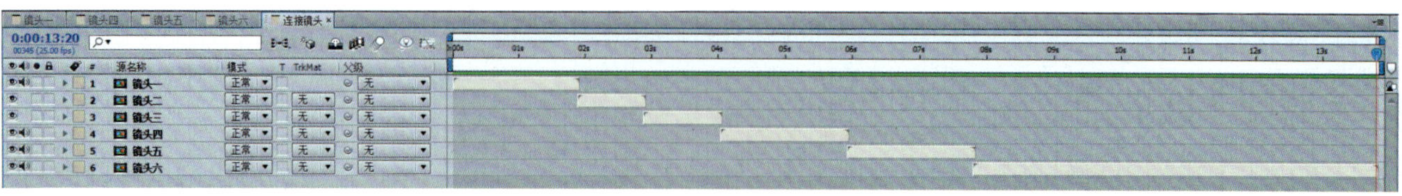

图6-52　连接镜头

图6-53 “汽车广告”成片效果

本章小结

本章主要介绍了影视广告的创意及其制作流程、步骤和技巧。

思考与练习

1. 影视广告分镜头脚本的格式要求有哪些？
2. 如何安装After Effects第三方插件？
3. 如何开启“时间重映射”功能？
4. 如何修改输出文件格式？

“汽车广告”成片效果

第7章 影视栏目包装片头设计与制作

◆本章知识点

影视栏目包装的基本理论，新闻栏目包装片头的设计与制作，在3ds Max软件中制作模型以及动画分镜，在After Effects中进行后期合成的过程和技巧。

◆学习目标

了解影视栏目包装的概念，熟悉影视栏目包装片头的制作流程和步骤，熟练掌握3ds Max、After Effects设计制作影视栏目包装片头的技巧，为电视栏目包装的整体设计与制作奠定良好的基础。

7.1 影视栏目包装概述

影视包装是针对影视作品在整体形象上进行的一种设计、规范和美化。它包含画面、动态元素、图片、颜色、声音等形式要素。影视包装大致可分为两类：电视包装（即电视频道包装、电视栏目包装）和其他形式包装（企业机构宣传包装、商业活动包装等），如图7-1至7-3所示。

图7-1　电视栏目包装案例

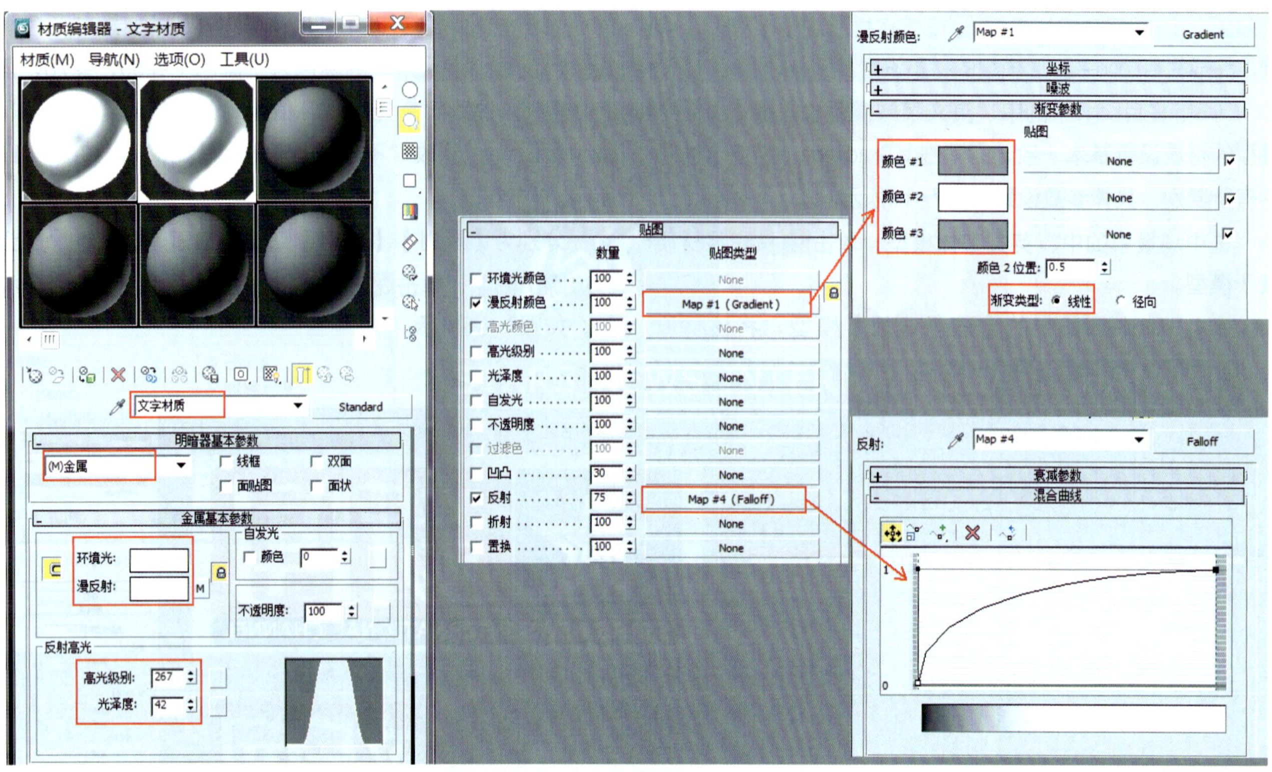

图7-14 中、英文字体材质设置

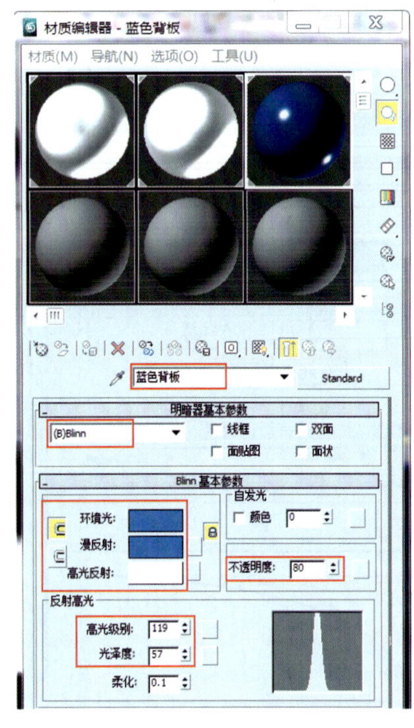

图7-15 蓝色背板材质属性设置

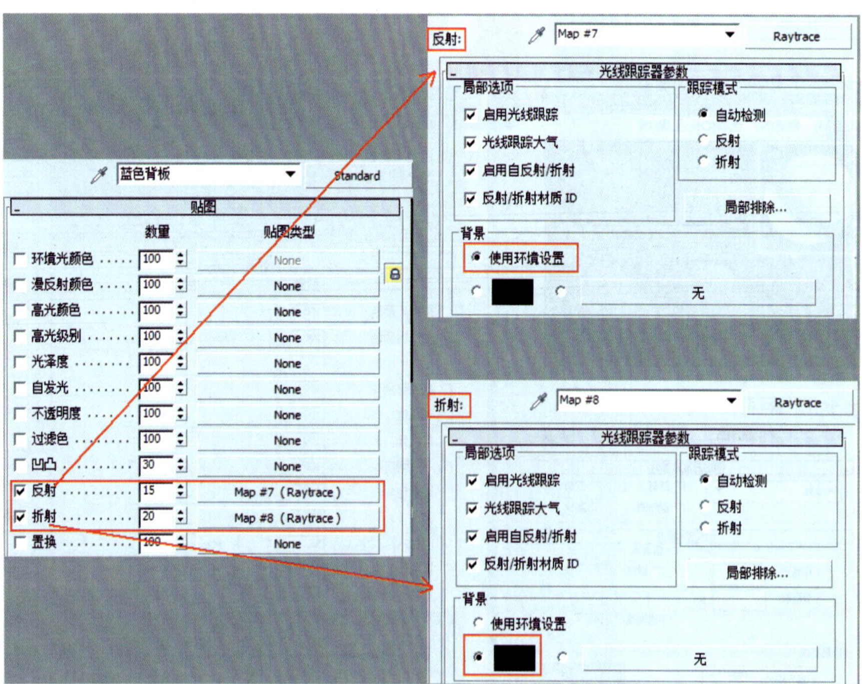

图7-16 星形贴图属性设置

（5）使用同样的方法分别设置场景中的【红色背板】【黑色背板】模型的材质效果，完成栏目Logo模型的材质设置。

7.2.3 创建Logo光照效果

（1）进入【创建】面板，单击【灯光】选项中的【泛光灯】按钮在场景中创建两盏泛光灯，如图7-17所示。Omni01、Omni02泛光灯设置如图7-18所示。

（2）运用【旋转视图】工具，调整Logo模型在【透视图】中的位置和角度，单击主工具栏中的【渲染】按钮，对透视图中的模型进行渲染，效果如图7-19所示。

（3）按“Ctrl+S”快捷键保存max场景为“Logo.max”文件，完成栏目Logo的设计制作。

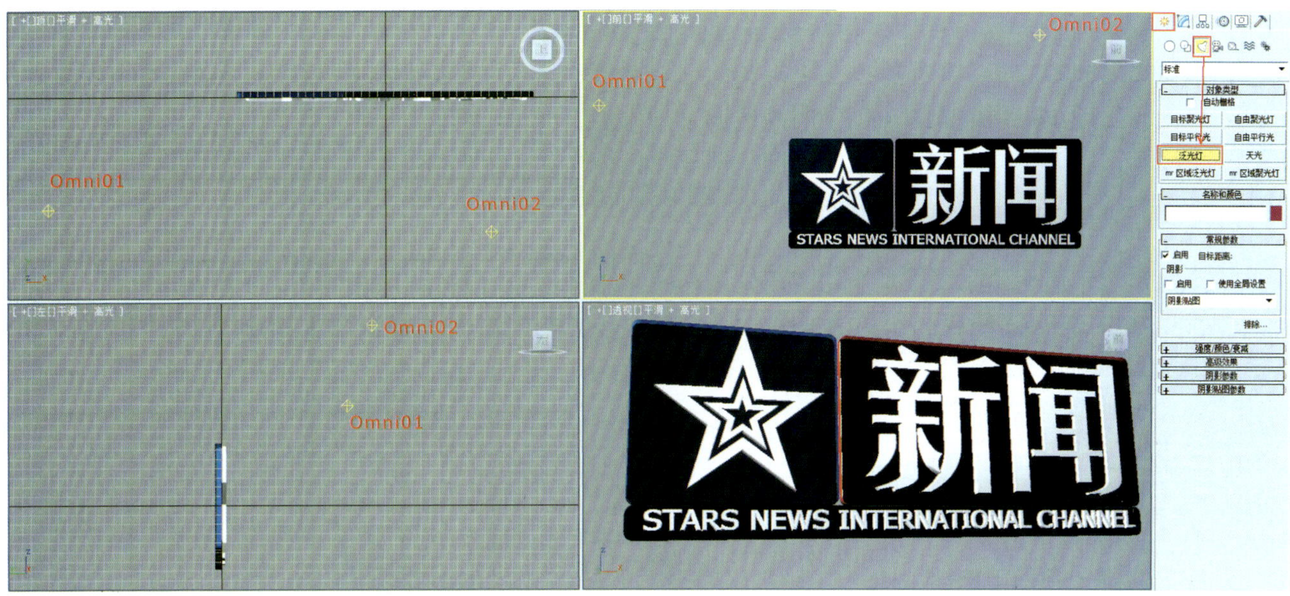

图7-17 创建泛光灯

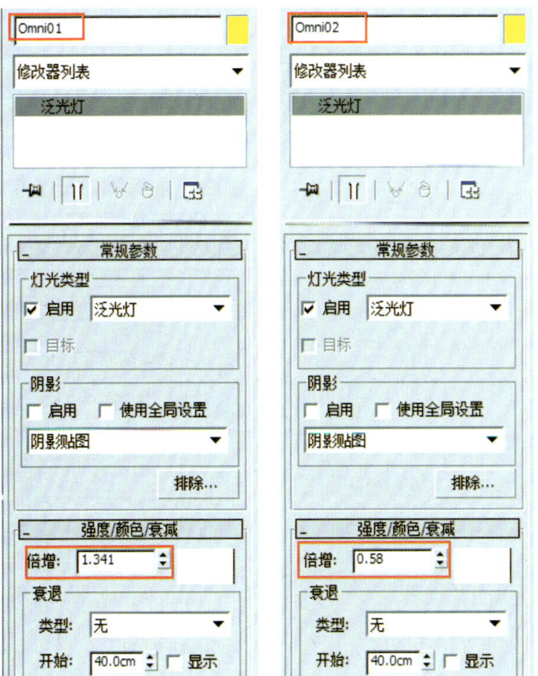

图7-18 泛光灯设置

图7-19 栏目Logo渲染效果

7.3 电视栏目包装片头——场景制作

本案例是一款“国际新闻”栏目的包装设计，根据本栏目的主要内容和风格，地球造型是片头场景中必不可少的元素。

7.3.1 栏目片头场景三维模型制作

（1）单击【创建】/【几何体】面板中的【球体】命令工具，在顶视图中创建球体，设置“分段”的值为“60”，如图7-20所示调整它的位置。

（2）创建3D镂空效果的地球模型。单击【创建】/【几何体】面板中的【面】命令工具，在前视图中创建一个平面，确保其“长度分段”为“200”，“宽度分段”为“400”，如图7-21所示。

（3）进入【修改】面板，为平面物体添加【体积选择】修改命令，修改相关参数，获得世界地图的形态选择，如图7-22所示。

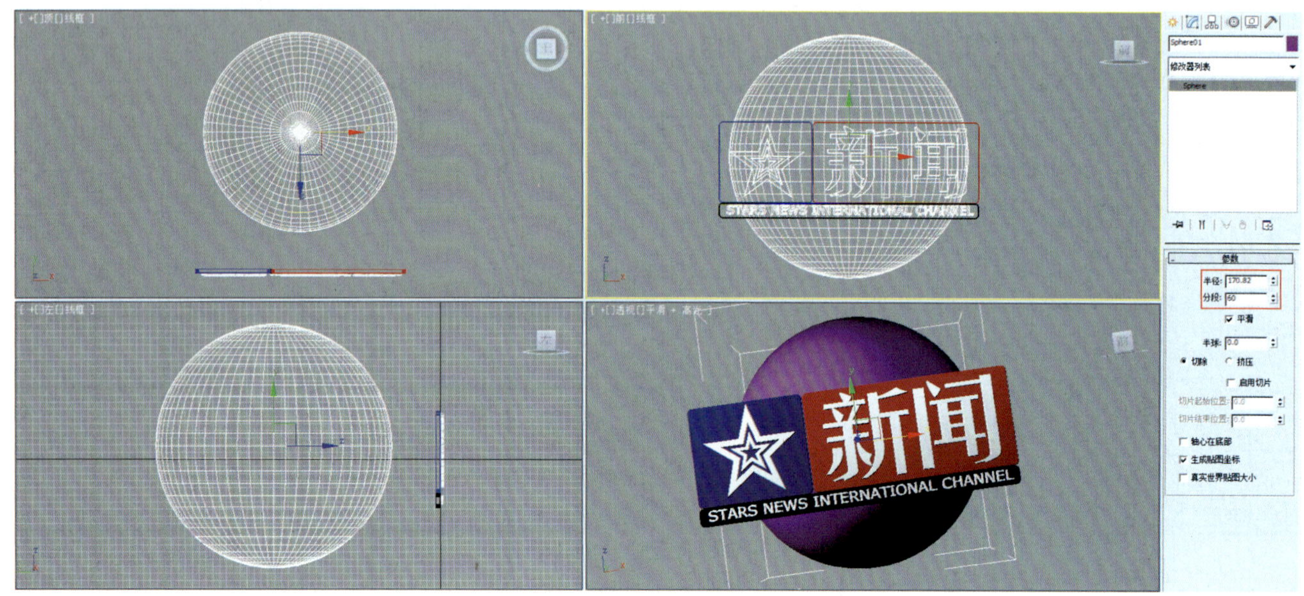

图7-20 创建球体模型

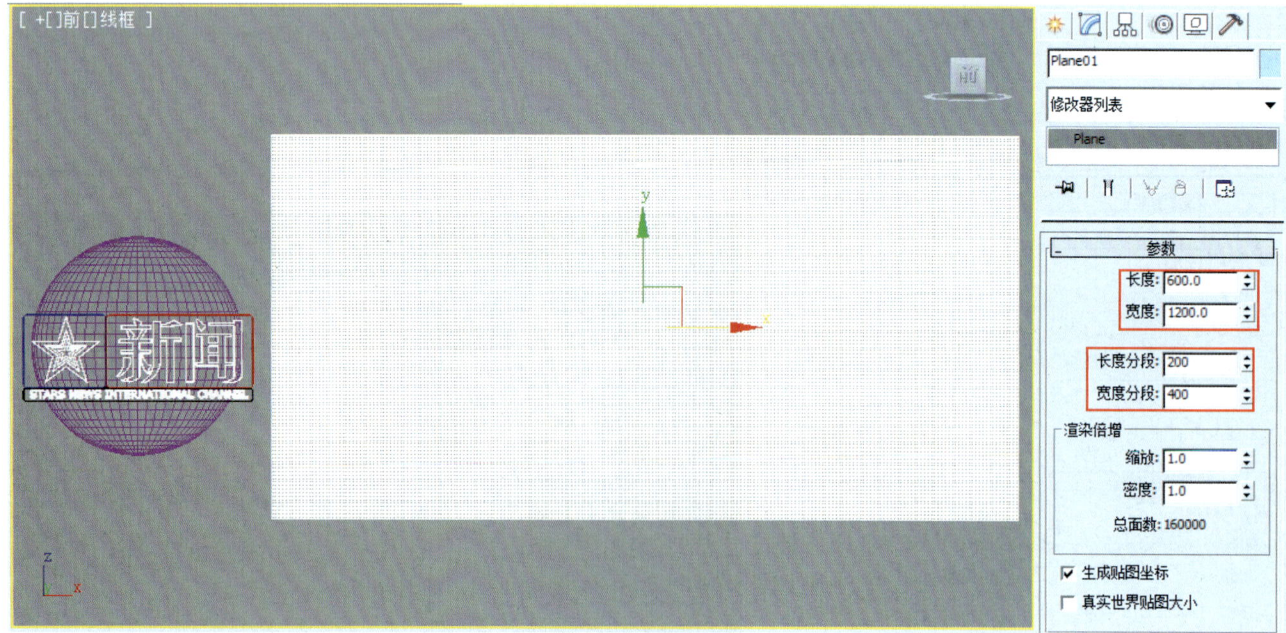

图7-21 创建平面模型

（4）将平面物体转换为【可编辑的多边形】，进入多边形的【面】层级，按键盘“Delete”键删除所选择的面，继续删除多余的面，得到地图模型。

（5）退出可编辑多边形的子层级。为地图模型物体添加两次【弯曲】修改命令，修改相关参数，获得球形世界地图模型，如图7-23所示。

（6）为球形世界地图模型添加【壳】修改命令，调整位置，最终效果如图7-24所示。

接下来为片头场景创建其他的元素，以丰富画面并增加动感效果。

（7）以一个球体为基础，将其转化为可编辑多边形，然后通过【分离】面、添加【壳】修改命令以及【放缩】等步骤，创建如图7-25所示的三维元素。

（8）在场景中创建【矩形】图形，并为【矩形】图形添加【挤出】修改器，设置挤出的“数量”值为“300”，“分段”数为“100”，得到条块状形态。

（9）以场景中紫色球体为中心创建【圆】图形，选择条块形态物体并为它添加【路径变形绑定（WSM）】修改器，单击【拾取路径】按钮后在场景中选择【圆】图形，然后单击【转到路径】按钮，最终形成可以沿着路径进行伸缩变形的环形元素，如图7-26所示。

（10）使用同样的方法完成其他两条可沿路径伸缩变形的环形元素，效果如图7-27所示。

图7-22 获取地图的形态选择

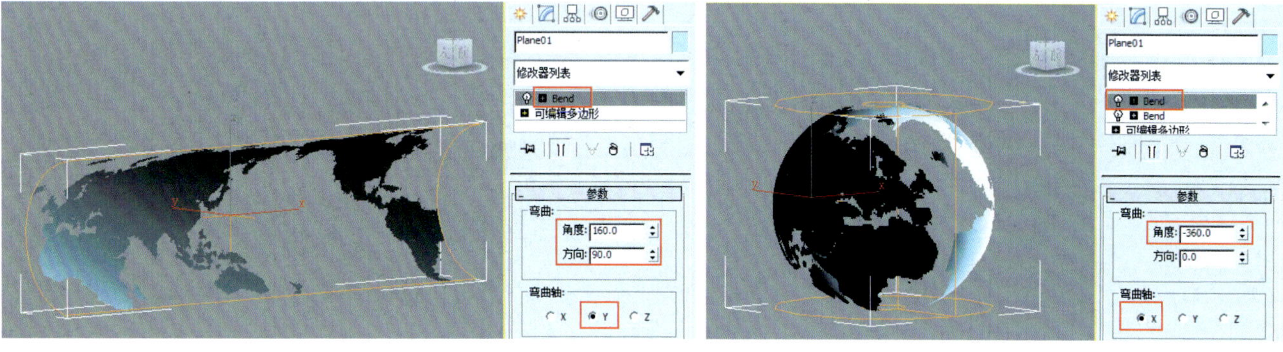

图7-23 创建球形地图模型

图7-24　世界地图模型3D镂空效果

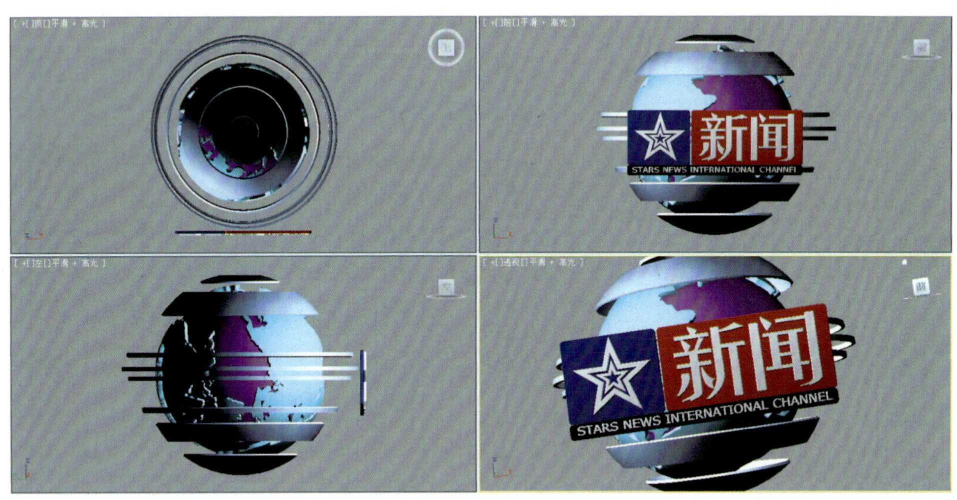

图7-25　创建片头场景的其他元素

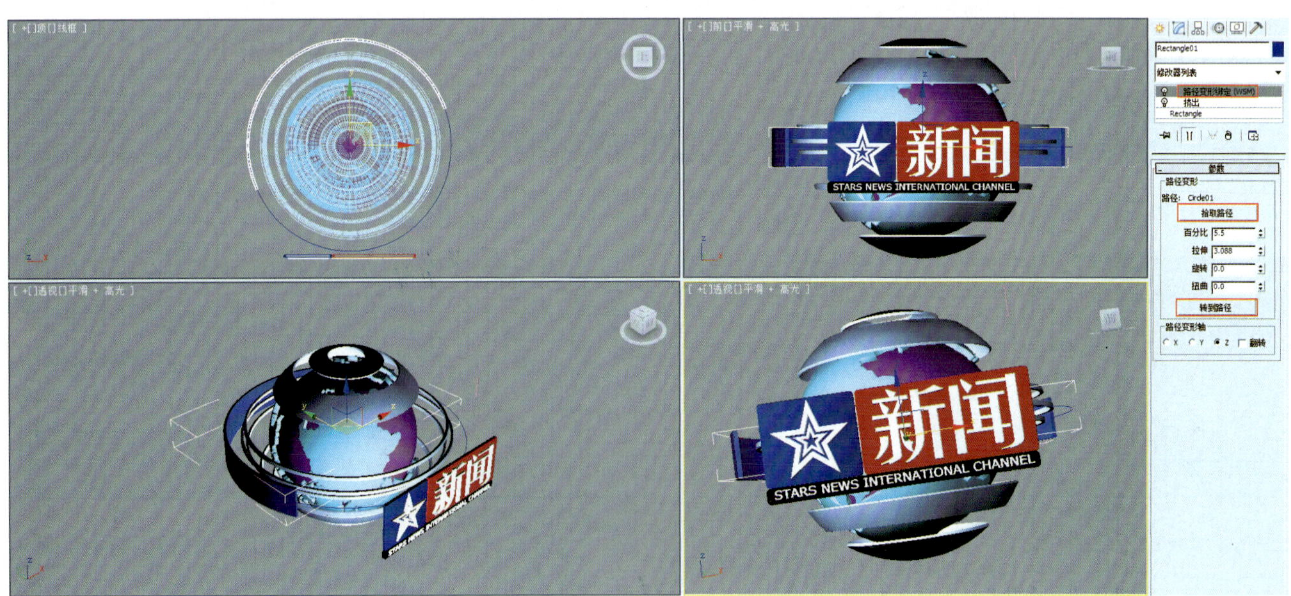

图7-26　创建路径变形环形元素

图7-27 完成路径变形环形元素的创建

7.3.2 栏目片头场景材质制作

片头场景中的各个元素物体的材质主要是各种不同效果的玻璃材质。

（1）单击主工具栏中的按钮或按键盘“M”快捷键调出材质编辑器。选中场景中的【紫色球体】模型，将该材质的“属性”形式设置为“Blinn”，修改“材质名称”为“地球内部”，设置“漫反射”的颜色为“蓝黑色（红0，绿3，蓝28）”，设置“高光级别”值为“119”，“光泽度”值为“57”，修改“不透明度”值为“80”，如图7-28所示。

为【反射】贴图通道赋予Raytracc（光线追踪）贴图，设置如图7-29所示，单击按钮赋予该材质【紫色球体】模型。

（2）选中场景中的【镂空地球】模型，将该材质的“属性”形式设置为“Blinn”，修改“材质名称”为“镂空地图”，设置“漫反射”的颜色为“浅蓝色（红164，绿193，蓝236）”，设置“高光级别”值为“119”，“光泽度”值为“57”，修改“不透明度”值为“80”，如图7-30所示。

为【反射】【折射】贴图通道赋予Raytrace（光线追踪）贴图，设置如图7-31所示，单击按钮赋予该材质【镂空地球】模型。

（3）选中场景中的【环形元素】模型，将该材质的“属性”形式设置为“Blinn”，修改“材质名称”为“环形元素”，设置“漫反射”的颜色为“深蓝色（红1，绿31，蓝77）”，设置“高光级别”值为“119”，“光泽度”值为“57”，修改“不透明度”值为“40”，如图7-32所示。

为【反射】、【折射】贴图通道赋予Raytrace（光线追踪）贴图，设置如图7-33所示，单击按钮赋予该材质【环形元素】模型。

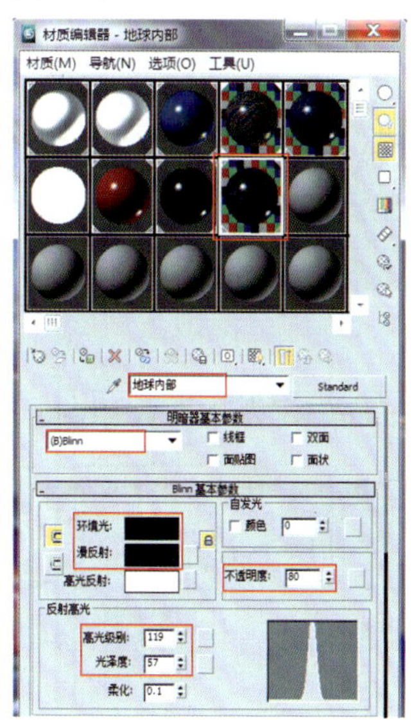

图7-28 地球内部材质属性设置

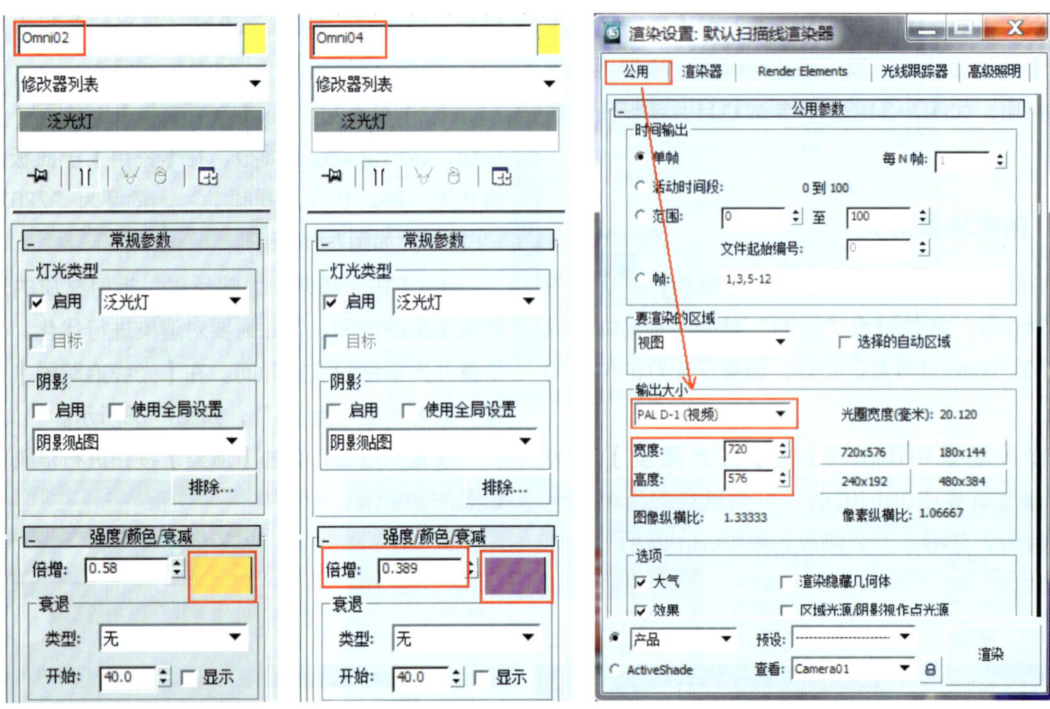

图7-36　栏目片头场景灯光设置

图7-37　渲染公用设置

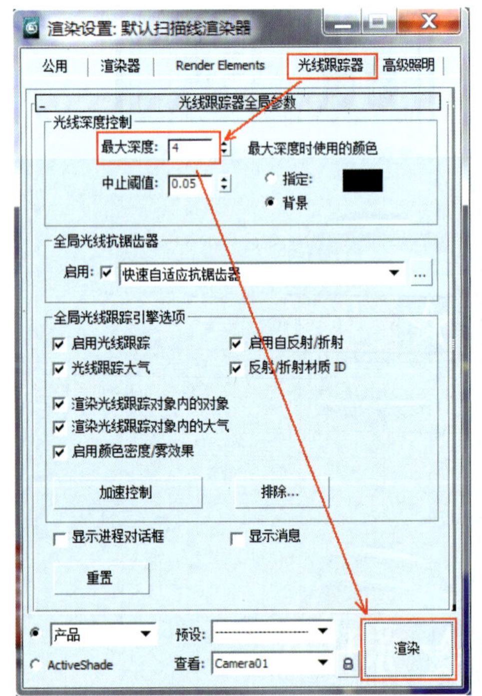

图7-38　渲染优化设置

图7-39　栏目片头场景渲染效果

7.3.4 栏目片头动画镜头制作

在我国，电视的帧速率执行标准是每秒25帧，因此在正式制作动画之前先单击3ds Max右下角的【时间配置】按钮，设置【帧速率】为【PAL】制，动画长度为60帧。

在本案例中，为了表现出更加丰富的动感效果，需要分别对场景中的元素物体以及摄像机进行动画设置。场景中元素物体的动画主要是位置、形态上的变化，而摄像动画则是通过摄像机的推、拉、摇、移产生镜头运动。一般来说，制作栏目片头动画先从摄像机运动入手更加容易把握效果。

1. 栏目片头动画镜头1

（1）按键盘上的“Shift+L”快捷键隐藏场景灯光。进入【创建】/【摄像机】选项面板，选择【自由】摄像机，如图7-40所示在场景中创建摄像机，修改摄像机的镜头为50mm。

激活透视图，按键盘“C”键把透视图切换为摄像机视图。

（2）进入【创建】/【辅助对象】选项面板，选择【虚拟对象】，以球体为中心，在场景中创建虚拟对象物体。

激活主工具栏中的（选择并链接）按钮，在场景中点选摄像机，把摄像机链接到虚拟对象上。这样就创建了一个摄像机旋转平台，可以使摄像机镜头运动更加流畅。

（3）隐藏场景中的Logo部分。单击激活自动（自动记录动画）按钮，选择并旋转场景中的虚拟对象，在20帧、60帧处设置关键帧，带动摄像机产生旋转镜头的动画效果，如图7-41所示。

（4）移动【时间滑块】到60帧位置，在主工具栏中选择【局部参考坐标】，以Z轴方向移动摄像机向球体推进，实现摄像机的推镜头效果。

（5）完成了摄像机动画制作，接下来要制作场景元素物体动画。首先选择“镂空地球”物体，确保【时间滑块】在60帧位置，以“镂空地球”物体自身Z轴为中心，记录旋转动画。

（6）用同样的方式，完成其他场景元素的移动、旋转、路径变形动画制作，最终镜头1动画效果如图7-42所示。

（7）单击3ds Max【主工具栏】中的【渲染设置】按钮，调出渲染设置面板，在【公用】子面板中设置时间输出为0到60帧；保存渲染输出为.tga序列文件，设置tga图形属性为【压缩】【预乘Alpha】，镜头1渲染输出设置如图7-43所示。

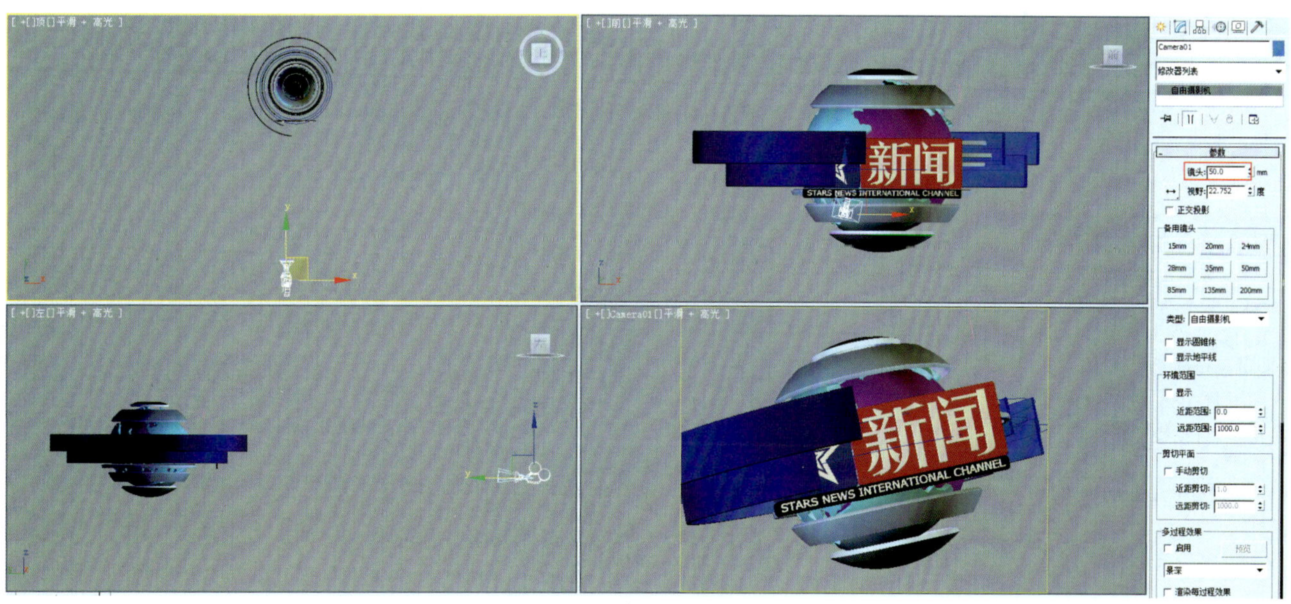

图7-40 创建自由摄像机

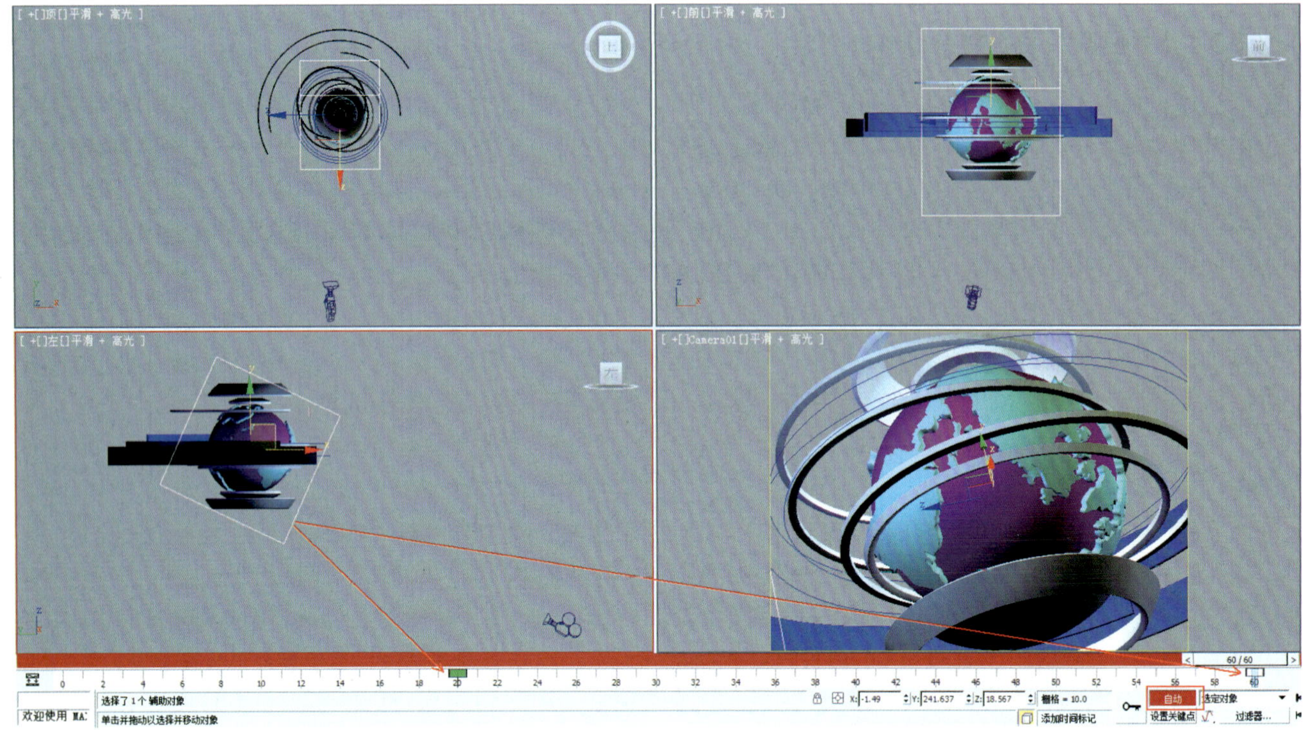

图7-41　创建摄像机旋转动画

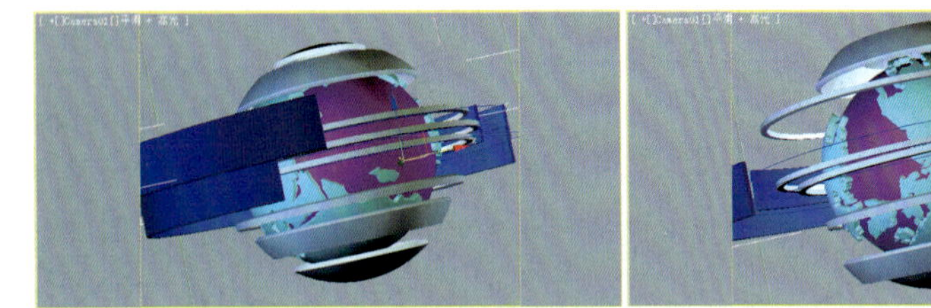
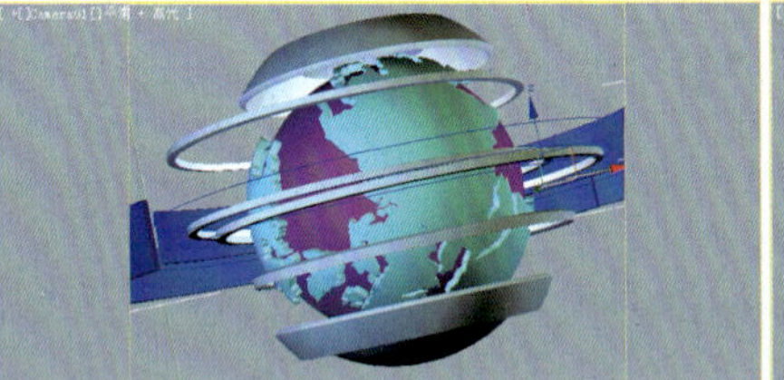

图7-42　镜头1动画效果

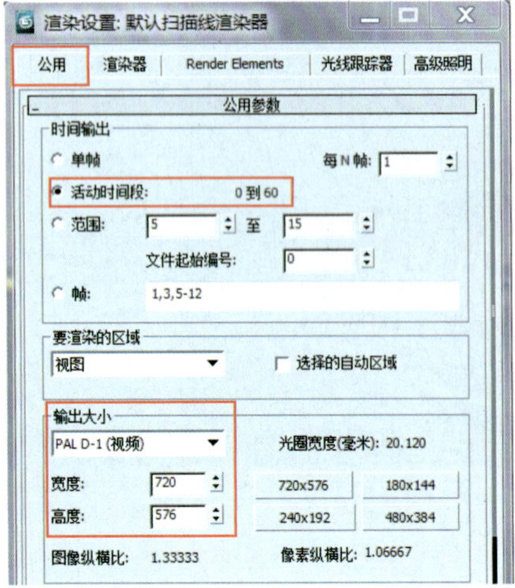

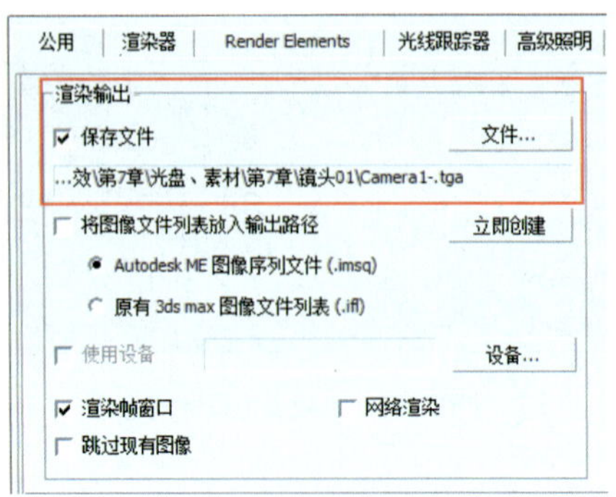

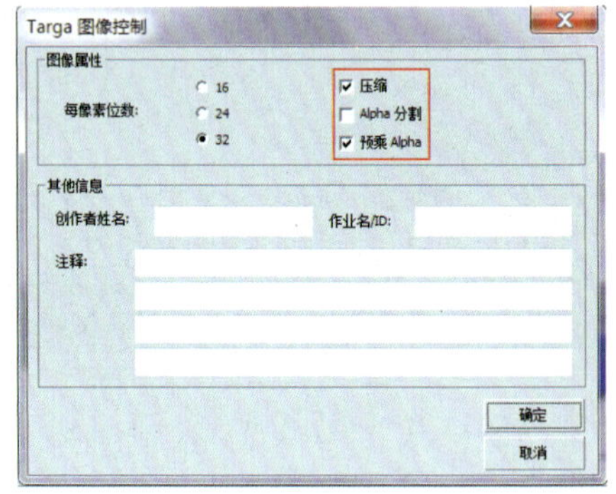

图7-43　镜头1动画渲染输出设置

单击【渲染】按钮对摄像机视图进行渲染输出。

2．栏目片头动画镜头2

镜头2是一个向上摇镜头的动画，需要对Logo进行展示，因此要先取消对Logo的隐藏。

镜头2动画的制作方法和技巧同镜头1的基本一致，可以利用已经完成的镜头1的动画进行编辑修改，提高工作效率，效果为镜头从前方往下摇并向后拉，如图7-44所示。

3．栏目片头动画镜头3

镜头3是一个从上往下摇镜头的动画，制作时可直接在镜头2动画的基础上进行编辑修改，需要注意的是，所有的摇动镜头都是通过旋转虚拟物体对象来实现的。镜头3动画效果如图7-45所示。

4．栏目片头动画镜头4

镜头4需要隐藏Logo部分，镜头边推边往上摇，幅度比较大，但镜头运动依然比较流畅，这要归功于利用虚拟对象物体旋转平台。镜头4动画效果如图7-46所示。

5．栏目片头动画镜头5

镜头5相对简单，镜头从球体顶部往下摇，以此来展示Logo部分。镜头5动画效果如图7-47所示。

6．栏目片头动画镜头6

由于栏目片头动画的特殊性，制作时基本上是通过多

图7-44　镜头2动画效果

图7-45　镜头3动画效果

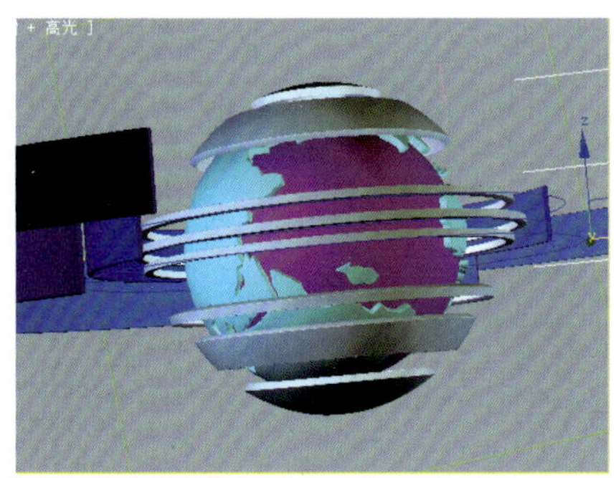
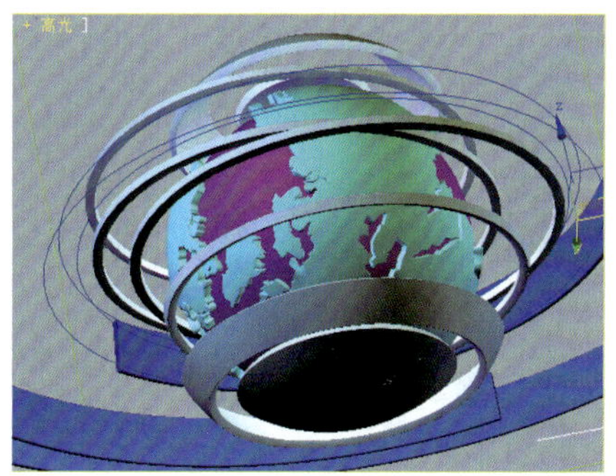

图7-46　镜头4动画效果

角度反复展示Logo以及相应的图形，加深观众对栏目的认识和印象。镜头6动画效果如图7-48所示。

7. 栏目片头动画镜头7

镜头7中所有的动画元素包括摄像机都以向中心聚合的方式进行运动，增加了视觉的凝聚力，进一步加深了观众对栏目的印象。动画效果如图7-49所示。

8. 栏目片头动画镜头8

镜头8动画效果基本上就是镜头5的倒播效果，因此可以直接复制镜头5的渲染序列，然后从后往前重新命名即可。

9. 栏目片头动画镜头9

镜头9动画中的动画元素也是以聚合的方式进行运动，但摄像机是往后拉，同样起到了增加视觉凝聚力、加深印象的作用。动画效果如图7-50所示。

10. 栏目片头动画镜头10

镜头10是栏目片头动画的最后镜头，需要再次提醒观众正在观看的栏目是什么，因此要重点展示Logo部分。相对于前面镜头的运动感，镜头10的Logo始终保持静止，最后通过推镜头的方式，夺人眼球，完成整个栏目片头的动画效果。动画效果如图7-51所示。

所有镜头完成后，单击【渲染设置】按钮，调出渲染设置面板，设置渲染输出时间，分别建立文件夹保存渲染输出.tga序列文件，为后期合成做好准备。

图7-47　镜头5动画效果

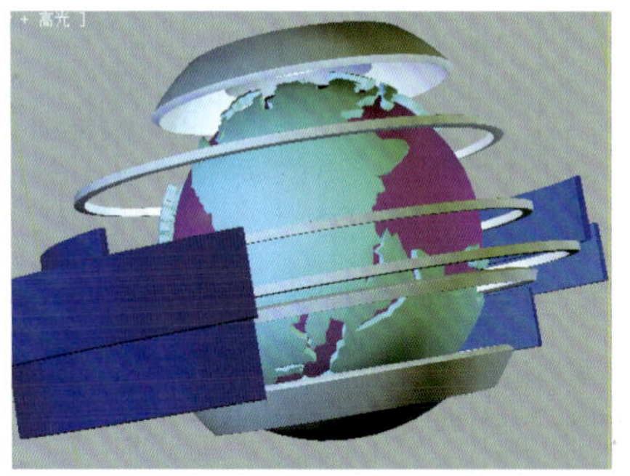

图7-48　镜头6动画效果

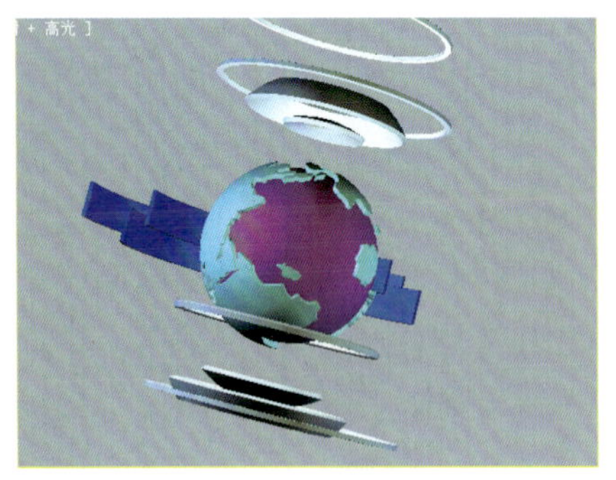

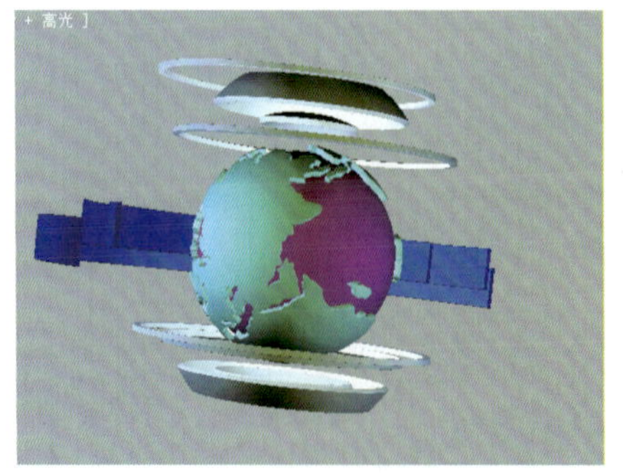

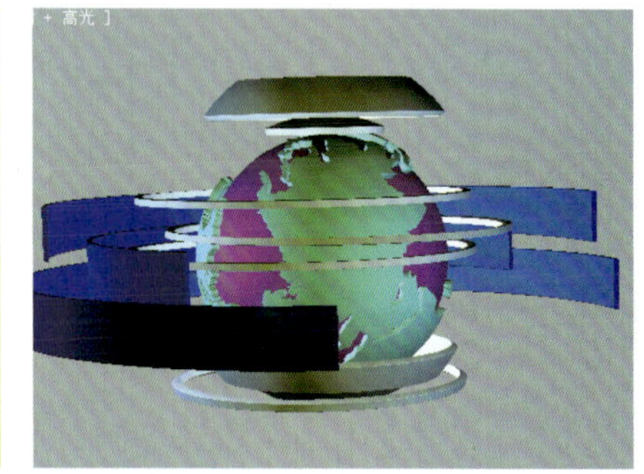

图7-49　镜头7动画效果

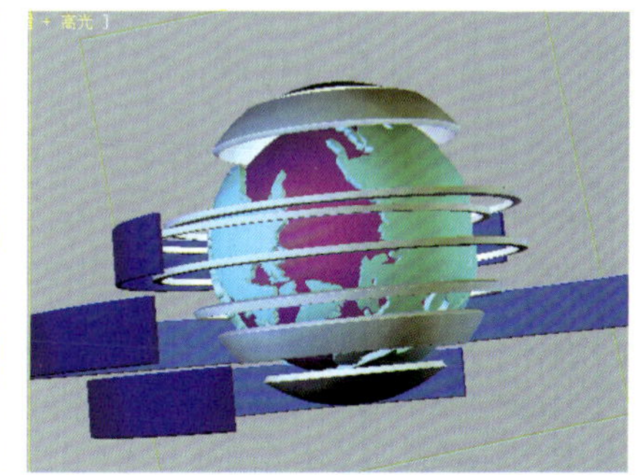

图7-50 镜头9动画效果

图7-51 镜头10动画效果

7.4 电视栏目包装片头——后期合成

在本案例中合成主要涉及After Effects的光效、3D摄像机跟踪、图层模式、声音匹配、校色等特效。其中光效与镜头之间的运动匹配是一个比较复杂的过程，需要用到跟踪素材和3D摄像机运动反求。

7.4.1 在3ds Max中制作镜头跟踪素材

（1）打开镜头1动画文件，只保留紫色球体和蓝色镂空地球，场景中其他元素全部隐藏。删除镂空地球的动画关键帧，即只有镜头运动，而场景中的物体静止不动，这也是在After Effects中实现镜头跟踪反求的必要条件。

（2）设置跟踪素材颜色。按键盘“M”快捷键调出材质编辑器。为紫色球体指定一个新的材质球，设置“漫反射”的颜色为“黑色（红53，绿53，蓝53）”，其他参数保持默认。为镂空地球指定一个新的材质球，设置“漫反射”的颜色为“浅灰色（红209，绿209，蓝209）”，其他参数保持默认。效果如图7-52所示。

图7 52 镜头跟踪材质效果

（3）单击3ds Max【主工具栏】中的【渲染设置】按钮，调出渲染设置面板，在“公用”子面板中设置时间输出为“0到60帧”；保存渲染输出为.jpg序列文件，单击（渲染）按钮对摄像机视图进行渲染输出。

（4）按照同样的方法制作并输出，完成所有镜头的跟踪素材输出。注意，镜头8的素材同样直接复制镜头5的渲染序列，然后从后往前重新命名即可。

7.4.2 单镜头特效合成

（1）打开After Effects软件，单击【文件】菜单下【新建】/【新建项目】命令，新建一空白工程项目。随后单击【文件】菜单下【另存为】/【保存】命令，保存该工程项目，命名为“电视栏目包装片头案例.aep”。

（2）依次导入所有镜头素材到After Effects项目面板中，所有的.tga序列文件都要以“直接-无遮罩”的方式导入，如图7-53所示。

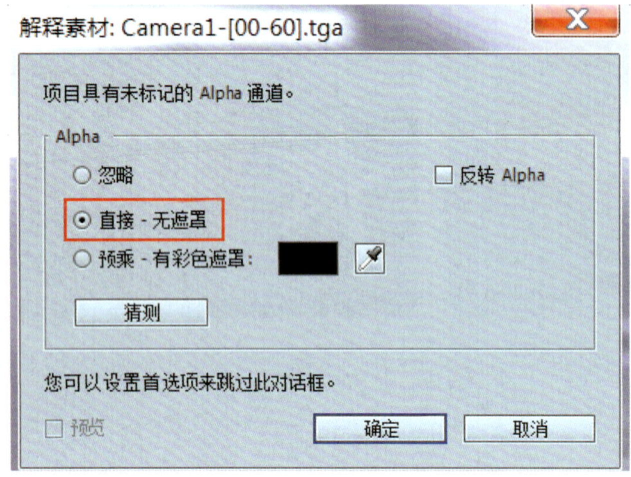

图7-53　导入素材文件

（3）整理素材。在项目面板中单击右键，选择【新建文件夹】命令，分别创建“镜头画面”文件夹、“镜头跟踪”文件夹。将项目栏中的素材分别放置到相应的文件夹中，方便后期的操作，如图7-54所示。

（4）在项目栏素材中选择“镜头画面”文件夹中的“Camera1”序列文件，将其拖放至图层面板中，依据该素材创建一个新的合成，重命名为“镜头01”。

（5）在项目素材栏中选择“片头背景.jpg”文件，将其拖放至图层面板中，并把它放置在“Camera1”图层的下方，调整它的大小，如图7-55所示。

（6）选择“片头背景”图层，单击【效果】菜单下【颜色校正】/【曲线】命令，打开曲线控制对话框，如图7-56所示，对【RGB通道】的曲线进行调整，使背景更加明亮。

（7）选择“Camera1”图层，设置该图层的“混合模式”为“线性减淡”。按键盘“Ctrl+D”组合键复制“Camera1”图层，设置复制图层的“混合模式”为“正常”，设置其“不透明度”为“60%”。效果如图7-57所示。

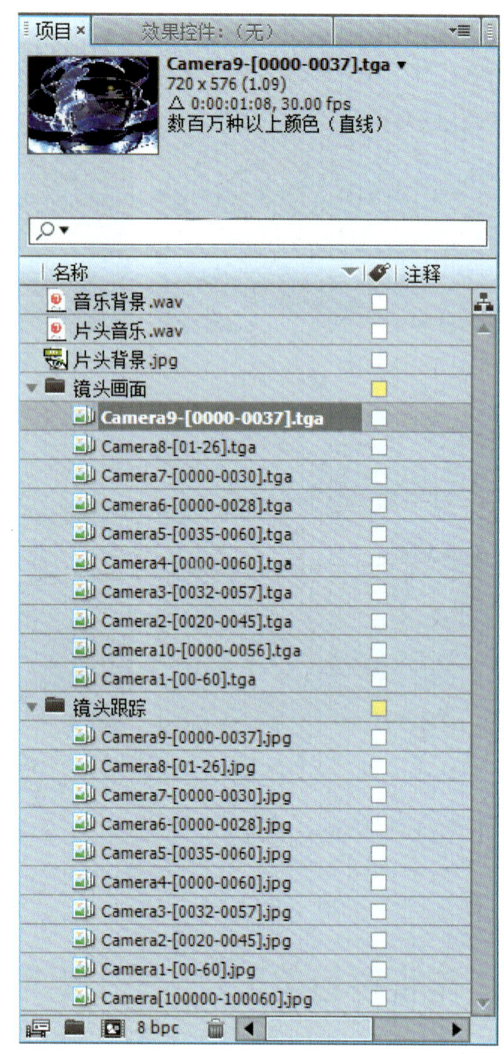

图7-54　整理素材文件

7.4.3 光效

光线、光带效果是电视栏目片头设计中最常用的视觉元素，有多种方法可以实现它，相较于在3ds Max软件中用不透明贴图的表现方式，After Effects光效插件Optical Flares能够创建出更加真实的光线效果。

本案例的光线效果需要用到第三方插件Video Copilot，因此在制作本案例前，先将网盘素材第7章中的Optical Flares插件安装到After Effects所在目录文件夹下Adobe After Effects CC/Support Files/Plug-ins文件夹中。

（1）单击【图层】菜单下【新建】/【纯色】命令，如图7-58所示。在弹出的【纯色设置】对话框中设置“颜色”为“100%黑色”，并修改“名称”为“光效”，单击【确定】按钮，新建一个纯色层。

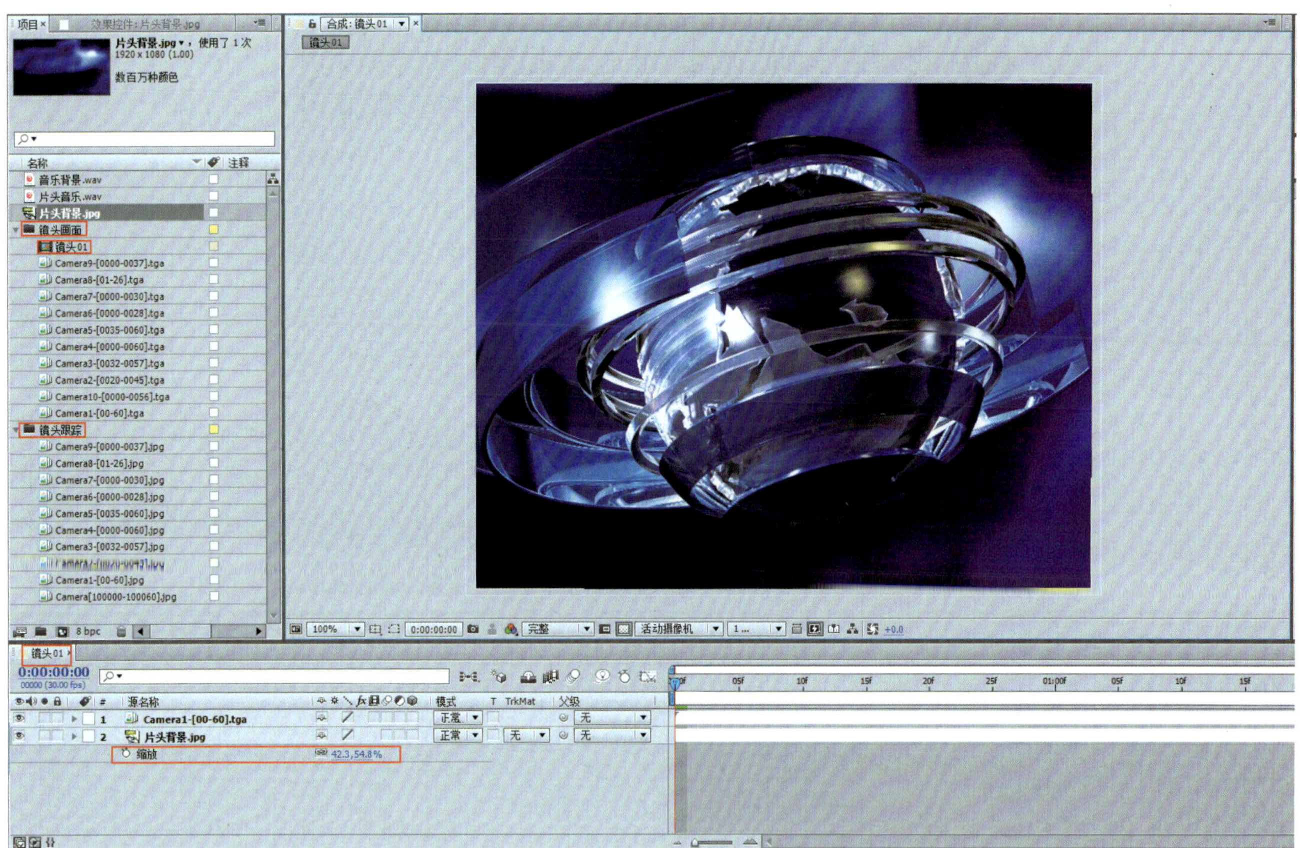

图7-55 创建镜头1合成

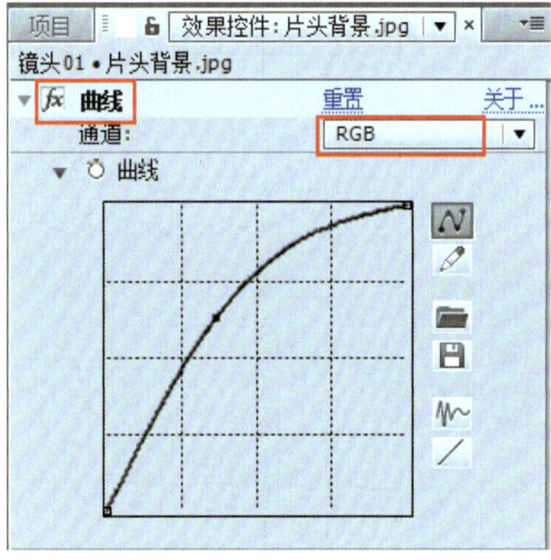

图7-56 “片头背景”图层调色曲线设置

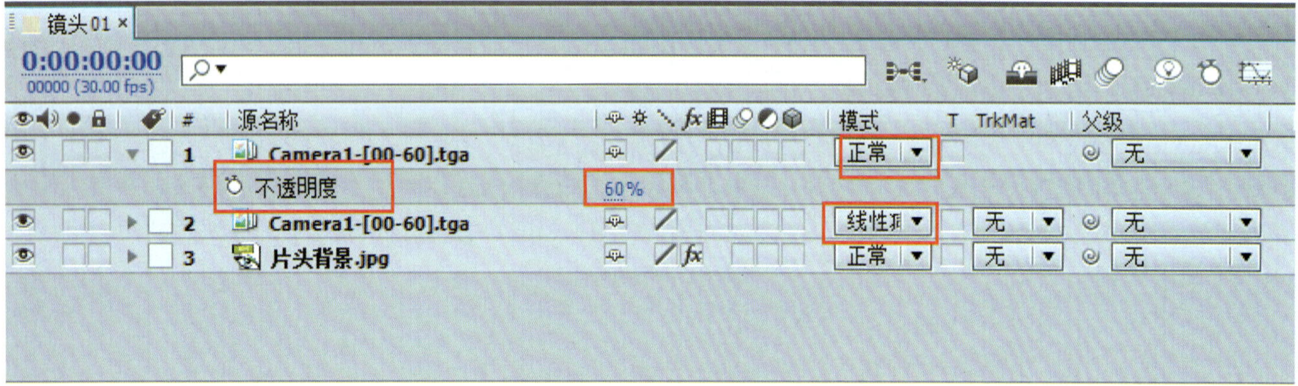

图7-57　镜头1图层混合效果

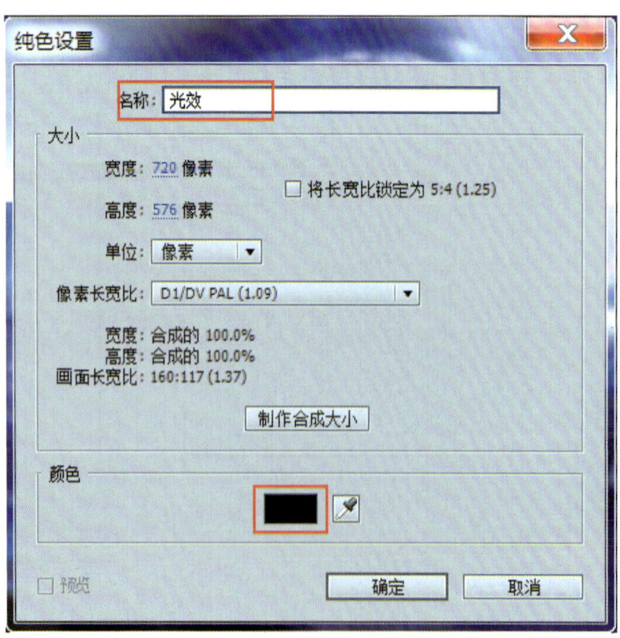

图7-58　新建光效纯色层

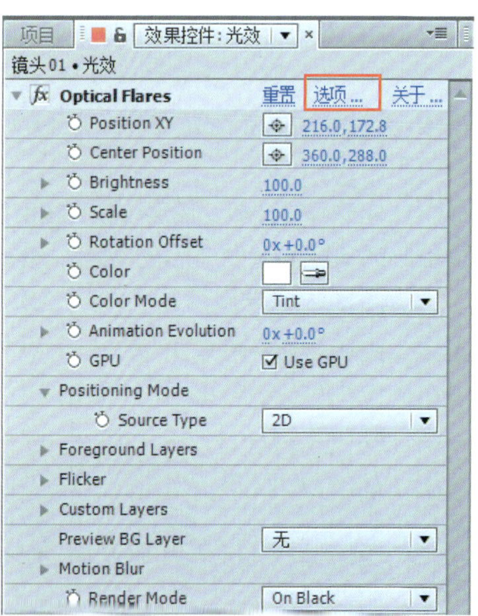

（2）选择“光效”图层，单击【效果】菜单下【Video Copilot】/【Optical Flares】命令，在Optical Flares控制对话框中，单击【选项】进入Optical Flares Options选项设置面板。

直接从Preset Browser预设文件夹中选择【Pole Dancer】预设效果，编辑修改其参数选项，如图7-59所示。

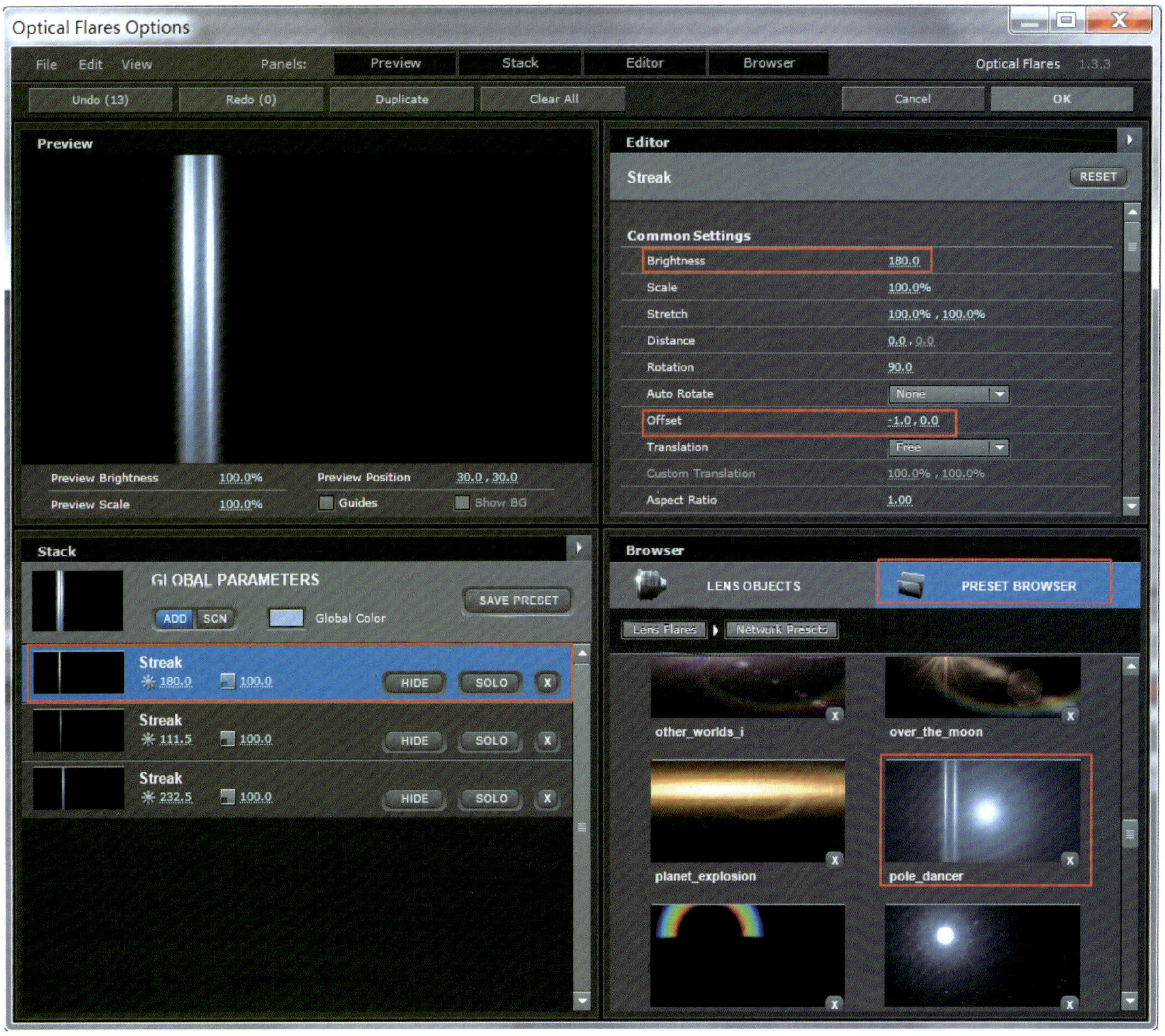

图7-59　光效Pole Dancer预设效果

（3）选择“光效”图层，设置该图层的“混合模式”为“相加”。按键盘“Ctrl+D”组合键复制“光效”图层，设置光效的“位置”“角度”“亮度”“颜色”，如图7-60所示。

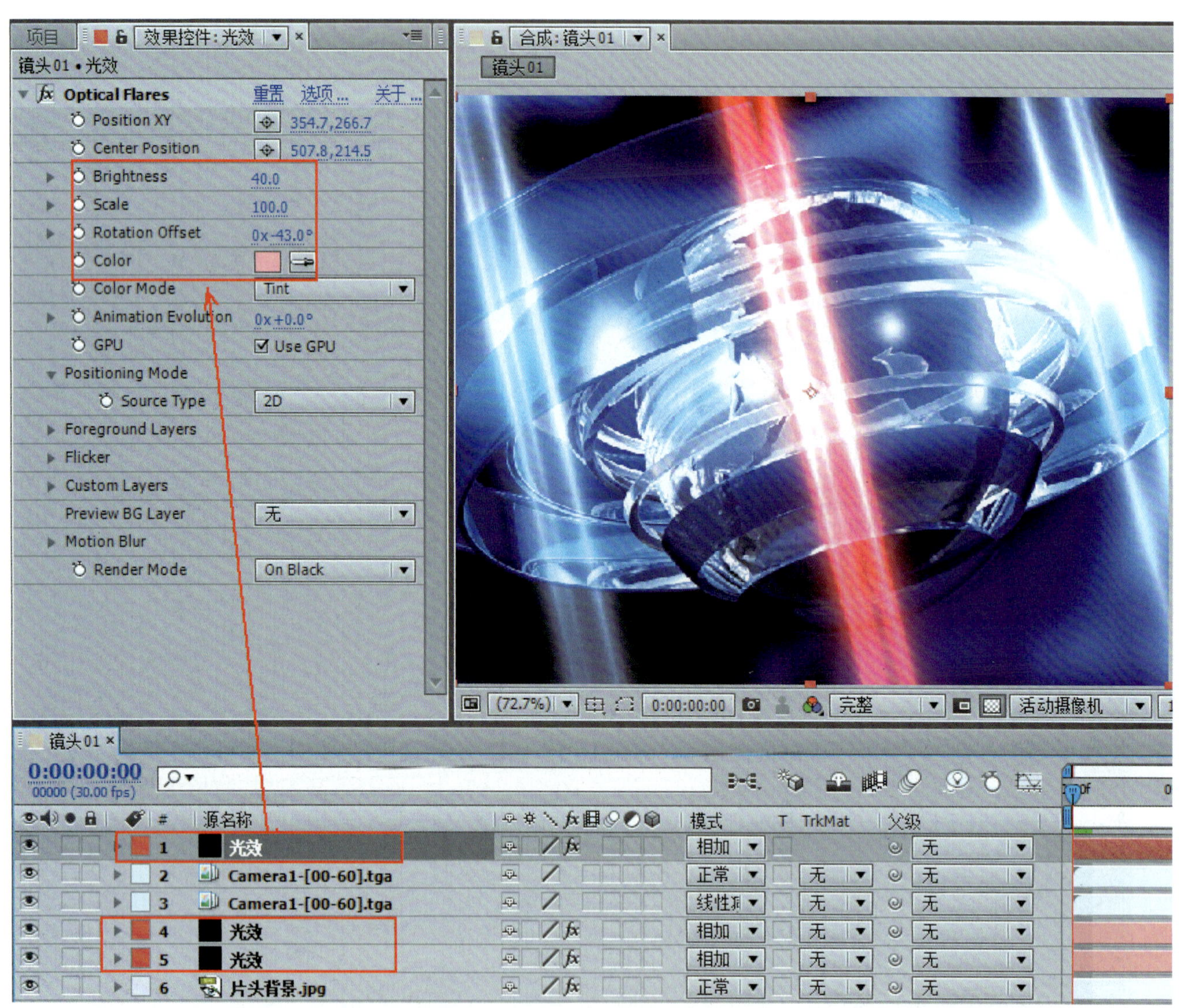

图7-60　光效叠加效果

7.4.4 镜头跟踪

现在的光线效果是平面的，没有空间感，移动时间游标，可以看到它不会随着画面镜头的变化而变化，很不真实，因此需要通过3D摄像机跟踪来解决问题。

（1）在项目栏素材中选择“镜头跟踪”文件夹中的“Camera1”序列文件，将其拖放到图层面板的底部，并单击按钮取消其他图层的显示。

单击【动画】菜单下【跟踪摄像机】命令，为“镜头跟踪Camera1”序列文件添加【3D摄像机跟踪器】效果控件。如图7-61所示，【3D摄像机跟踪器】效果控件会自动对跟踪画面进行后台分析，并计算出画面中的跟踪点。

（2）【3D摄像机跟踪器】效果控件完成计算后，单击【创建摄像机】按钮，After Effects会自动在图层面板中创建一个3D跟踪器摄像机，同时隐藏“镜头跟踪Camera1”图层并显示其他图层。

（3）如图7-62所示，单击按钮，把三个光效图层转化为三维图层，在顶视图沿“Z轴”向摄像机移动，并通过移动和旋转工具调整光效的位置；缩放三个光效图层的“Y轴”到420%，移动时间游标，光效便可实现随镜头的运动而变化，最终完成“镜头01”的特效合成，如图7-63所示。

（4）使用相同的方法继续完成“镜头02至镜头10”的特效合成，为栏目片头的最终合成做好准备。

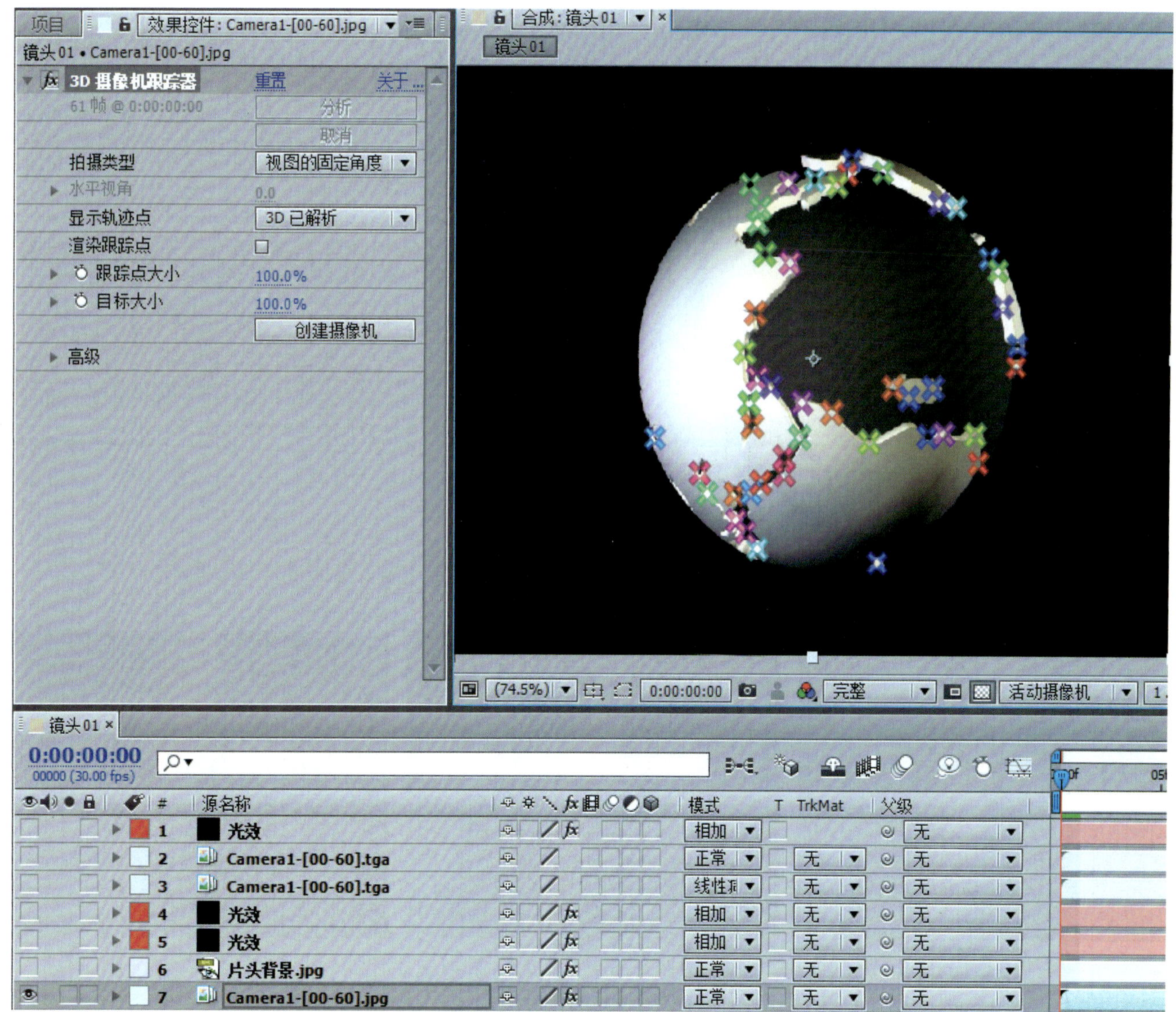

图7-61 3D摄像机跟踪器计算

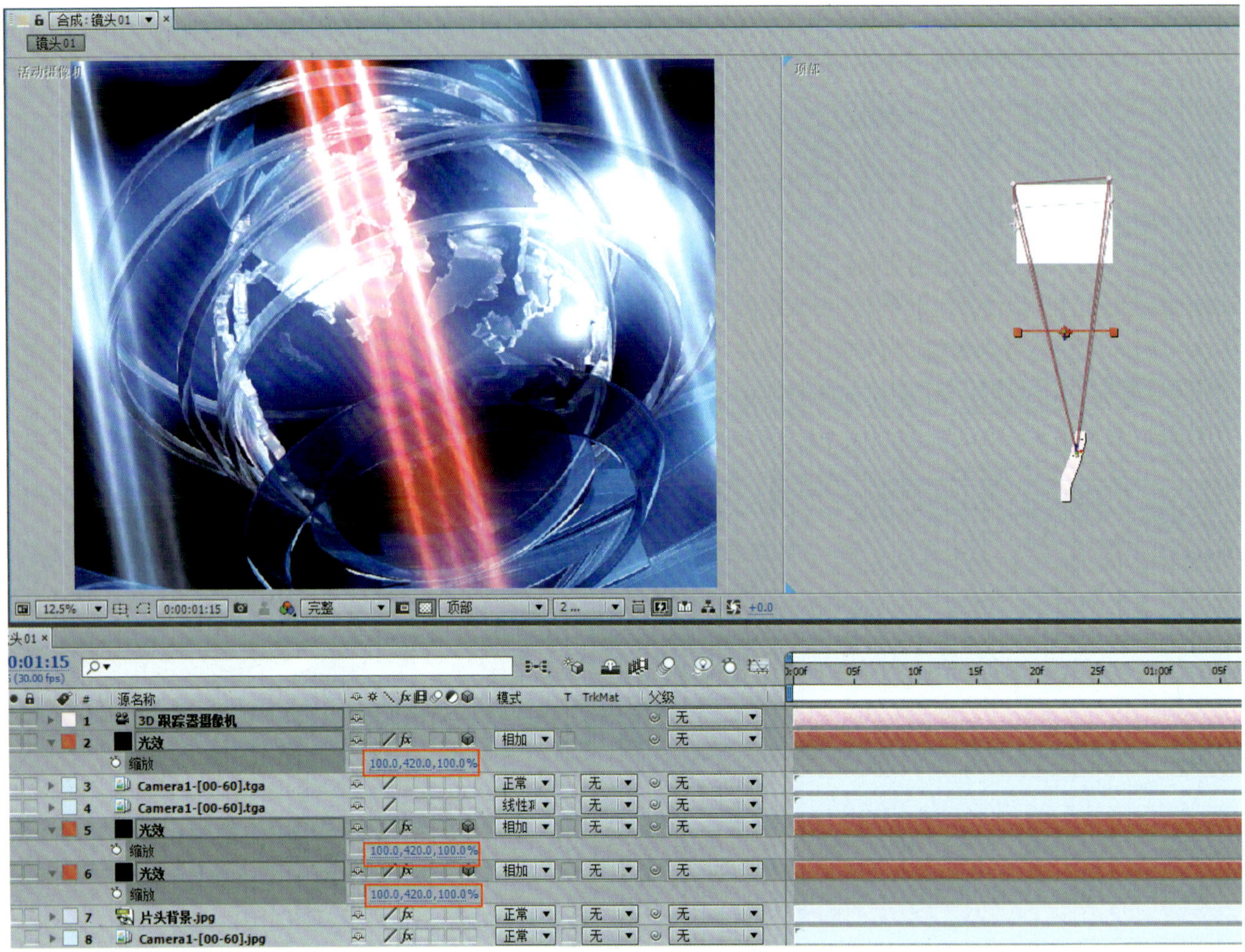

图7-62　光效空间变化设置

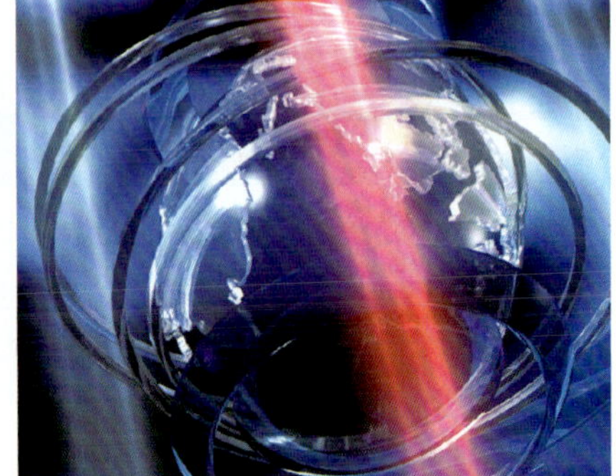

图7-63　“镜头01”的特效合成效果

7.4.5 镜头与背景音乐匹配合成

（1）单击【合成】菜单下【新建合成】命令，如图7-64所示，在弹出的【合成设置】对话框中设置长宽为“720×576”，帧速率为“25帧/秒”，设置“持续时间”为“12.20秒”，命名为“片头合成”，单击【确定】按钮，新建一个合成。

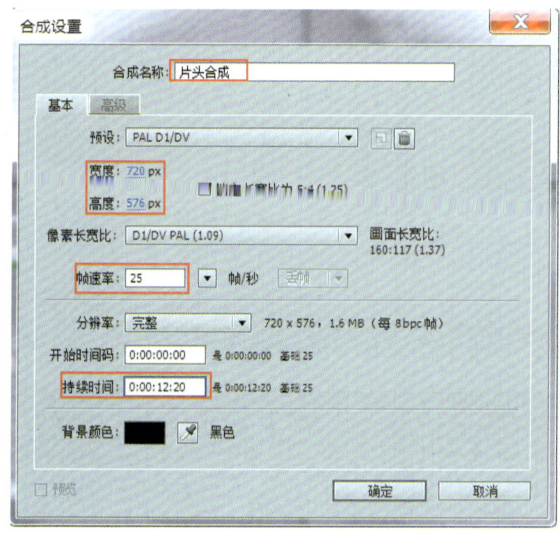

图7-64　新建片头合成

（2）在项目栏素材中依次选择1至10单镜头合成文件，将其拖放到图层面板中，在时间面板中运用“Shift”键将每个镜头连接在一起，完成片头合成的连续镜头画面效果。如图7-65所示。

（3）在项目栏中将“片头音乐.wav”素材文件拖到图层面板，选择“片头音乐”图层，展开其【波形】属性，通过观察预览窗口中镜头的变化，设置其在时间线上的位置，正确进行音效与合成画面的匹配。

7.4.6 为画面增加黑色边框

（1）单击【图层】菜单下【新建】/【纯色】命令，如图7-66所示，在弹出的【纯色设置】对话框中设置“颜色”为“100%黑色”，并修改“名称”为“画面边框”，单击【确定】按钮，新建一个纯色层。

（2）确保“纯色”图层为选择状态，单击快捷工具栏中的【矩形工具】按钮，使用矩形工具在合成预览窗口绘制一个黄色矩形，形成矩形蒙版遮罩。勾选【蒙版】属性中的【反转】选项，得到如图7-67所示的荧幕黑色边框效果。

单击【RAM预览】按钮进行动画预览，观察音效、画面的匹配效果，确认无误后进行最终渲染输出。

图7-65　片头合成中的镜头布置

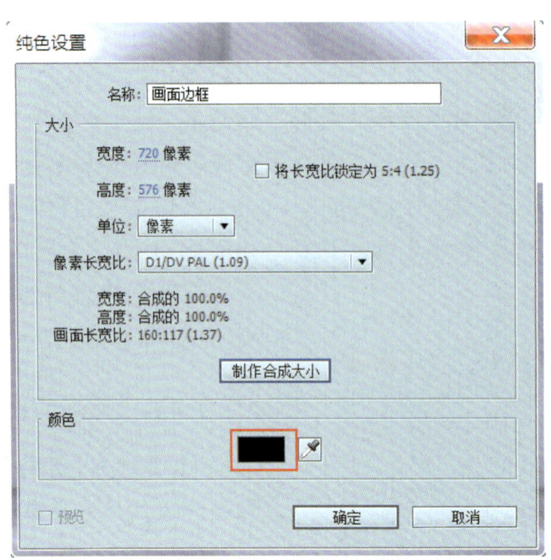

图7-66　纯色层设置对话面板

图7-67　黑色边框设置

7.4.7 栏目片头最终渲染与输出

（1）单击【合成】菜单下的【添加到渲染队列】命令，打开【渲染输出】面板。修改输出文件格式，单击“输出模块”右边的蓝色文字，弹出输出模块设置对话框，如图7-68所示，修改“格式”为“QuickTime”，修改“格式选项”为“H.264”，设置“调整大小”为“HDTV 1080 24”，单击【确定】，回到渲染队列面板。

（2）修改输出路径。单击“输出到”右边的蓝色文字，修改输出文件到指定的保存路径。然后单击右上方的【渲染】按钮，输出最终成片，最终完成影视栏目包装片头设计与制作，效果如图7-69所示。

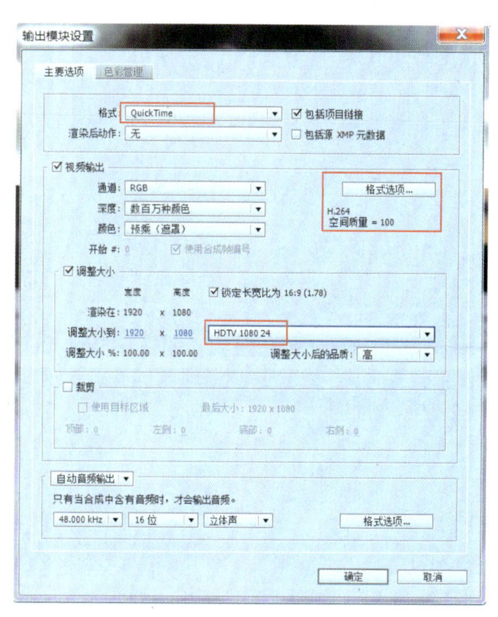

图7-68　输出模块设置

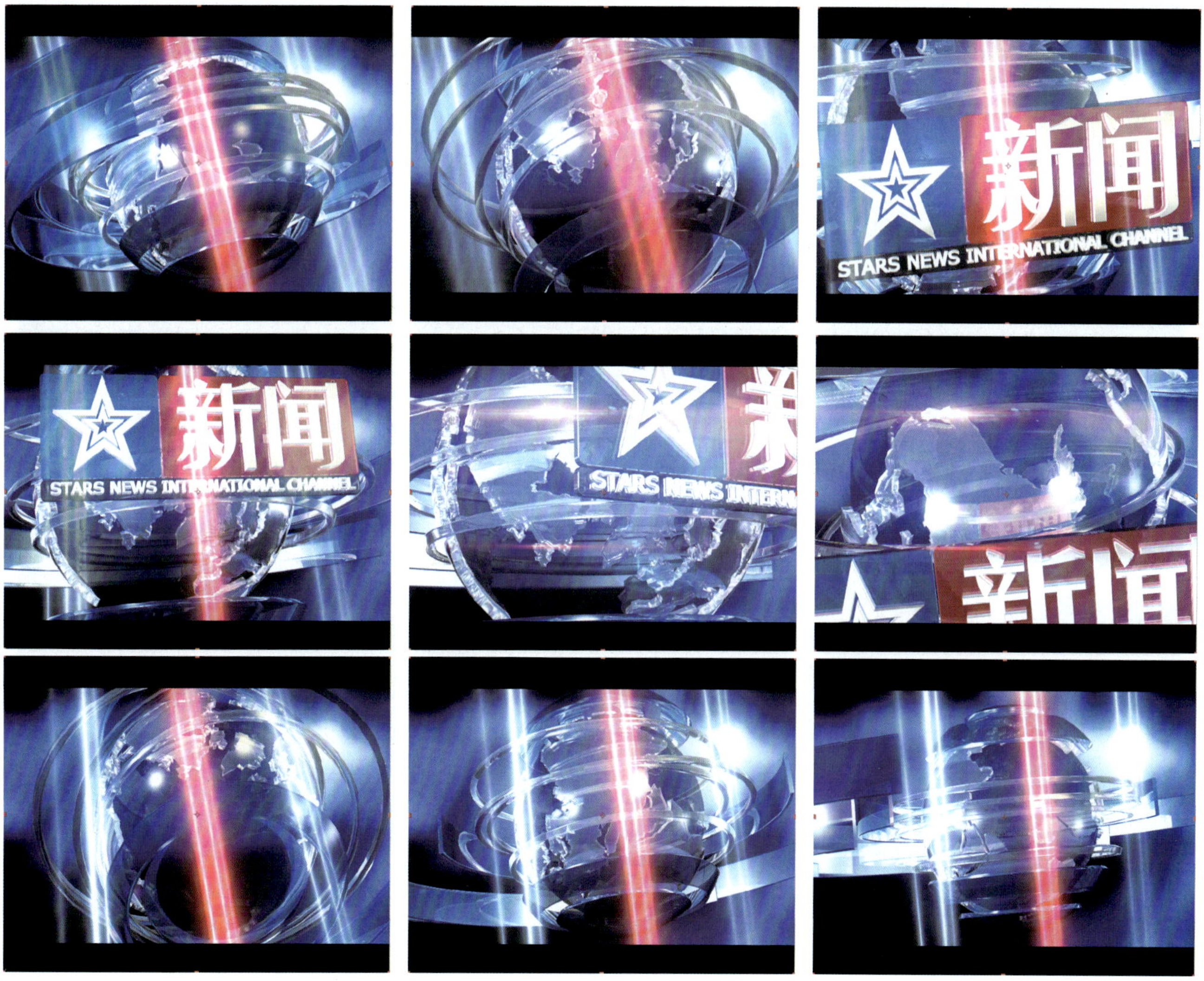

图7-69　栏目包装片头最终动画效果

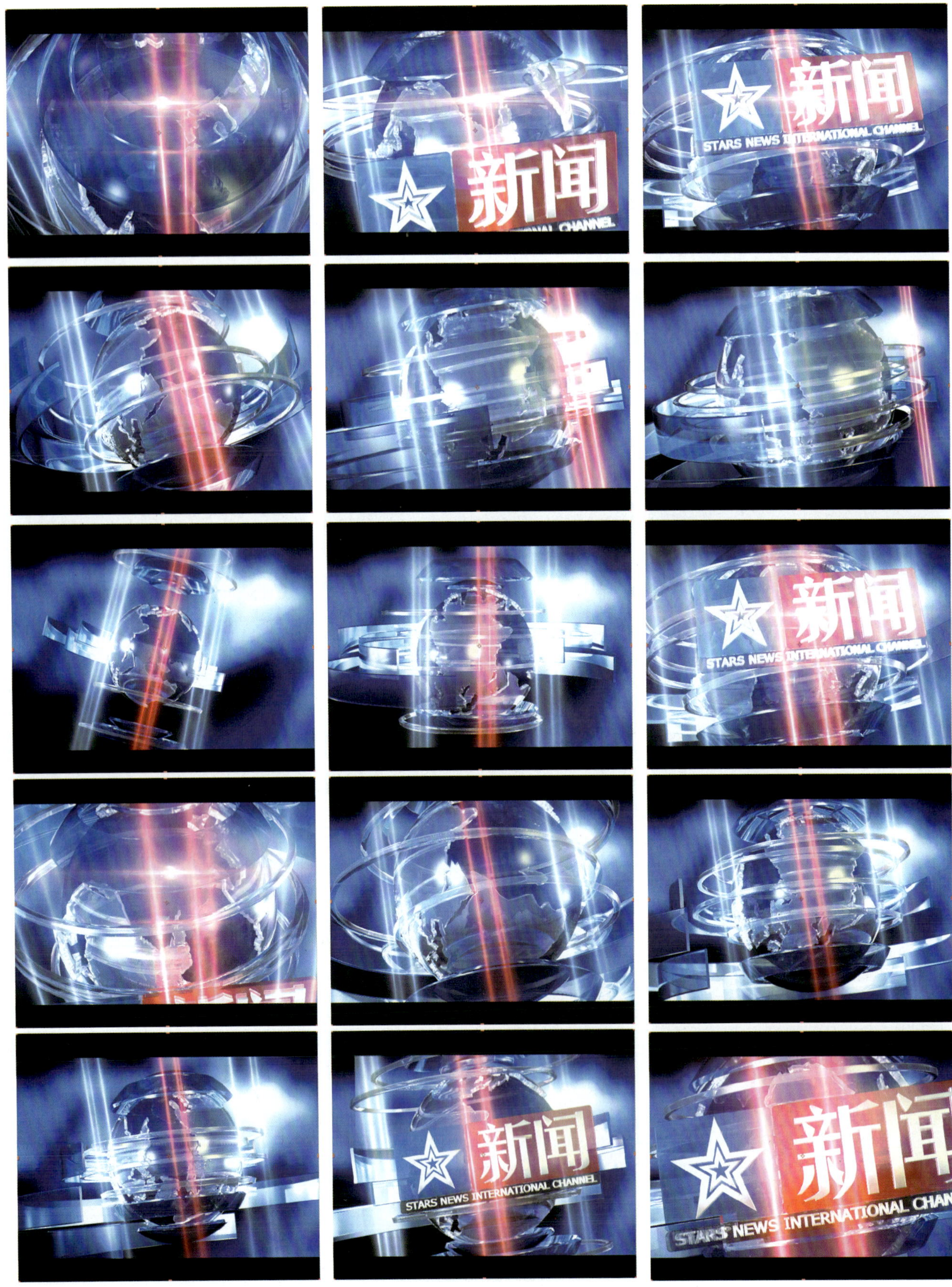

续图7-69　栏目包装片头最终动画效果

本章小结

本章先介绍了3ds Max的建模与材质制作的方法，又分享了镜头动画的制作技巧，最后详细讲解了后期合成的全过程。

思考与练习

1. 什么是影视栏目包装？
2. 电视栏目包装包括哪几个部分？
3. 栏目片头设计制作的步骤和注意事项有哪些？
4. 综合运用本章所学知识进行整体栏目包装的设计制作。

影视栏目片头成片效果

参考文献

[1] 孙华．After Effects CS4影视特效与电视包装实例精讲[M]．北京：人民邮电出版社，2010．

[2] 孙春星．After Effects/3ds Max电视包装完全学习手册[M]．北京：中国铁道出版社，2010．

[3] 陈鹰．动感CG：3ds Max/After Effects影视包装案例教程[M]．北京：中国青年出版社，2010．

[4] 王红卫，骆舒．After Effects CS4影视栏目包装特效完美表现[M]．北京：清华大学出版社，2010．

[5] 新视角文化行．After Effects CS5影视后期特效制作完美风暴[M]．北京：人民邮电出版社，2011．

[6] 张坚．3ds Max/After Effects印象影视包装技术精粹[M]．2版．北京：人民邮电出版社，2012．